蒙台梭利教学法

主　编　刘　莹
副主编　姜巍娣　王时佼　张　翀　邹萌萌
参　编　宋丽玲　许晓晶　刘　坤　张　璇
　　　　刘冬雪　宋子初　刘　畅　王　岳
主　审　贺琳霞

北京理工大学出版社
BEIJING INSTITUTE OF TECHNOLOGY PRESS

内容简介

本书是在充分研究当前我国学前教育的发展趋势，落实蒙台梭利教学法对科学性和实践性要求的基础上编写的，旨在提升学生的应用能力、动手能力和理论探索能力。本书以项目任务的方式进行编排，在内容上凸显"必需"和"实用"的原则。

本书共设置七个项目，包括构建蒙台梭利教育环境、蒙台梭利日常生活教育活动、蒙台梭利感官教育活动、蒙台梭利语言教育活动、蒙台梭利数学教育活动、蒙台梭利科学文化教育活动、蒙台梭利艺术教育活动，力求做到以具体任务引领理论知识，并配有蒙台梭利教具操作方法的讲解。本书穿插设置问题解析，并有机融入相关思想教育元素。

本书可作为院校学前教育、早期教育、婴幼儿托育服务与管理专业以及幼儿保育等专业蒙台梭利相关课程的教材，也可作为儿童家长及学前教育机构从业者的参考用书。

版权专有　侵权必究

图书在版编目（CIP）数据

蒙台梭利教学法 / 刘莹主编. -- 北京：北京理工大学出版社，2024.8.
ISBN 978-7-5763-4492-9
Ⅰ.G612
中国国家版本馆 CIP 数据核字第 202489NU37 号

责任编辑： 芈　岚　　**文案编辑：** 芈　岚
责任校对： 刘亚男　　**责任印制：** 施胜娟

出版发行 /	北京理工大学出版社有限责任公司
社　　址 /	北京市丰台区四合庄路 6 号
邮　　编 /	100070
电　　话 /	（010）68914026（教材售后服务热线）
	（010）63726648（课件资源服务热线）
网　　址 /	http://www.bitpress.com.cn
版 印 次 /	2024 年 8 月第 1 版第 1 次印刷
印　　刷 /	定州启航印刷有限公司
开　　本 /	787 mm × 1092 mm　1/16
印　　张 /	16
字　　数 /	375 千字
定　　价 /	79.00 元

图书出现印装质量问题，请拨打售后服务热线，负责调换

前言 PREFACE

　　蒙台梭利教学法是由意大利教育家玛利亚·蒙台梭利博士所创，她巧妙地利用儿童的成长需求，从儿童自身出发，在不损害儿童自由的前提下实现教育的目的。目前，与蒙台梭利相关的教学理论类书籍不胜枚举，但具体如何实施、如何操作，一直是蒙台梭利教育的难题。

　　本书以习近平新时代中国特色社会主义思想为指导，贯彻党的二十大精神，落实立德树人根本任务。党的二十大报告强调，要推进"产教融合、科教融汇"，这是对教材的丰富度和实用性提出的更高要求。与此同时，教育部《2023年职业教育优质教材建设指南》中倡导以项目、任务、活动、案例等为载体的教材编写方式，将"实用"二字提升到新的高度。

　　本书的编者遵循"一任务，一实践，一理论"的原则，在大量融入蒙台梭利幼儿园真实教学场景的基础之上，联合一线教师共同编写了这本书。

　　本书共设置七个项目25个任务，包括构建蒙台梭利教育环境、蒙台梭利日常生活教育活动、蒙台梭利感官教育活动、蒙台梭利语言教育活动、蒙台梭利数学教育活动、蒙台梭利科学文化教育活动、蒙台梭利艺术教育活动。本书以具体任务引领理论知识，配有蒙台梭利教具操作方法的讲解，穿插设置问题解析，以实现思想教育元素的有机融入。同时，强调儿童自由、独立的自我发展，侧重实践及与儿童教育学、儿童心理学、儿童教育活动设计等方面知识的交叉，力求建立能促进儿童全面发展的教育体系。

　　本书在编写过程中注重突出以下特色。

　　1. 产教融合。本书编写团队吸纳了蒙台梭利幼儿园的一线教师，将他们的教学经验融入教学体系。同时，关注企业需求，将行业的前景和需求动向与职业教育紧密相连，使学生明确学习目标，对岗位技能需求形成切实的认知，促进其主观能动性的发挥。

　　2. 教学拓展。党的二十大报告强调，要把加强教师思想政治工作摆在更突出的位置。本

书设置"拓展阅读""行业楷模"模块，让学生通过阅读榜样人物的故事，深刻领会教师守则的要求，加深对教师这一岗位神圣责任感的认同。

3. 岗课赛证。对标"1+X幼儿照护""蒙台梭利初级教师"等考试的内容，落实岗课赛证的教学要求，将知识点融入实际操作中，在教学中留下拓展空间，通过讲练历年真题，满足学生的实际备考需要。

4. 数字资源。为还原真实教学情境，本书配备的实际操作视频全部取材于幼儿园的真实互动场景，可有效凸显教学效果，反哺课堂知识，帮助学生比对、检验学习成果。

本书所有编写人员均为院校早期教育专业、学前教育专业的一线教师和幼儿园专家型园长和骨干教师。本书由贺琳霞担任主审，刘莹担任主编。刘莹负责全书编写体例设计、内容安排和任务分工，并进行统稿。具体分工如下：刘莹负责编写项目一、项目二和项目三，姜巍娣负责编写项目四和项目五，王时佼负责编写项目六的任务一和任务二，张翀负责编写项目六的任务三和任务四，邹萌萌负责编写项目七，宋丽玲负责整理并提供教学案例，许晓晶、刘坤、张璇协同负责配套资源建设，刘冬雪、宋子初、刘畅、王岳负责蒙氏幼儿园场地的精选、搭建、出镜示范讲解和拍摄。

在教材编写过程中，我们参考了国内外的相关文献，在此表示崇高的敬意和衷心的感谢。由于编者水平有限，书中难免存在疏漏，恳请学界同仁及广大读者不吝指教，我们将于后续修订中不断完善。

编　者

2024年4月

目　录
CONTENTS

项目一　构建蒙台梭利教育环境　/ 1

任务一　教室环境设计………………………………………………………… 2
任务二　教师角色演绎………………………………………………………… 10

项目二　蒙台梭利日常生活教育活动　/ 26

任务一　基础训练……………………………………………………………… 27
任务二　自理之道……………………………………………………………… 42
任务三　照顾环境……………………………………………………………… 52
任务四　人际互动……………………………………………………………… 58

项目三　蒙台梭利感官教育活动　/ 69

任务一　视觉奇观……………………………………………………………… 70
任务二　触觉之旅……………………………………………………………… 85
任务三　听觉魔法……………………………………………………………… 94
任务四　味觉体验……………………………………………………………… 100
任务五　嗅觉体验……………………………………………………………… 105

项目四　蒙台梭利语言教育活动　/ 115

任务一　聆听童心 116
任务二　书写世界 126
任务三　故事魔盒 135

项目五　蒙台梭利数学教育活动　/ 144

任务一　简单数数 145
任务二　十进制 156
任务三　连续数数 164
任务四　基本算式 169
任务五　分数 183

项目六　蒙台梭利科学文化教育活动　/ 190

任务一　地理探索 191
任务二　历史长河 203
任务三　生命探秘 212
任务四　科学探索 223

项目七　蒙台梭利艺术教育活动　/ 233

任务一　绘画天地 234
任务二　美妙旋律 242

参考文献　/ 249

项目一
构建蒙台梭利教育环境

蒙台梭利曾分别以头、胸和腹来比喻"有准备的环境"、教具与教师，由此可见，环境在蒙台梭利教育中所占地位有多重要。蒙台梭利认为，只有给儿童准备一个适宜的环境，才能开创一个教育的新纪元。因此，蒙台梭利提出，"在设计任何教育体系之前，我们必须为儿童创造一个适宜的环境，以促使儿童天赋的发展。我们需要做的，就是排除环境中影响儿童发展的障碍，这应该是所有未来教育的基础和出发点"。

项目情境

花花幼儿园即将迎来一批新的小朋友，他们的年龄处于1~6岁。花花幼儿园今年开始推行蒙台梭利教育模式，需要从教室环境布局开始，该如何着手准备？

项目目标

知识目标
了解蒙台梭利教学法的概念和原则。
掌握蒙台梭利环境建设的基本要求。

技能目标
学会判断蒙台梭利环境建设是否符合要求。
能根据儿童的年龄特点和敏感期设计一项活动。

素质目标
理解蒙台梭利主要的教育观点。

任务一　教室环境设计

>>> 任务准备

当地蒙台梭利幼儿园一所、纸、笔。

>>> 任务演示

根据你的观察，对照下表（见表1-1）判断教室环境的设计是否符合要求。

表1-1　教室环境设计表

序号	内容	是	否
1	教室内的桌椅是否与儿童的身高匹配	是○	否○
2	教室内的玩具是否符合儿童的身高比例	是○	否○
3	活动时儿童是否出现活动受阻、迷路的情况	是○	否○
4	教师是否频繁催促儿童	是○	否○
5	教师是否有代替儿童进行活动的情况	是○	否○
6	教师是否给儿童进行演示	是○	否○
7	儿童是否对教室的某处表现出抵触或反感的情绪	是○	否○
8	儿童进入教室后，是否可以与教师顺畅交流	是○	否○
9	儿童碰到问题后，是否能及时向教师反应	是○	否○
10	儿童是否能自由选择活动场所	是○	否○
11	儿童是否能自由选择参与的活动	是○	否○
12	儿童是否对活动内容感兴趣	是○	否○
13	儿童是否对教具感兴趣	是○	否○
14	儿童是否能快速找到自己喜欢的玩具	是○	否○
15	儿童是否有充分接触自然的机会	是○	否○
16	儿童是否能遵守规则	是○	否○
17	儿童是否对目前的规则表示反感	是○	否○
18	儿童是否出现不良情绪？是否得到妥善处理	是○	否○
19	儿童是否能够保持平稳且积极的情绪	是○	否○

项目一　构建蒙台梭利教育环境

>>> 任务解析

一、何为"有准备的环境"

儿童居住在以成人为本位的世界中，身边的一切对他们来说，其规格、重量及形态都是不完全适宜的，难以随心所欲地操作。"有准备的环境"是为了让精神处于胚胎状态的儿童能够顺利成长，而将富有秩序与智慧等精神食粮的环境预备好。对6岁以前的儿童而言，成人的环境与儿童的环境在大小及步调上相差悬殊。因此，儿童在活动时须时时依赖成人协助。但是，儿童一直依赖成人的协助便无法完成应有的成长，不能支配自己的生活、教育自己、锻炼自己。如果没有理想的环境，儿童就无法意识到自己的能力，就永远无法脱离成人而独立。因此，蒙台梭利根据6岁以前儿童的敏感期和有吸收性的心智，创设出一个以儿童为本位的环境，让儿童自己生活。

蒙台梭利认为，新的教育应当包括教师、环境和儿童三个因素，三者都应发挥作用。这个环境之所以必须是"有准备的环境"，是因为现代人的生活环境极其复杂，许多地方对儿童来说并不适宜。一个孩子出生后要适应这样的世界、取得经验，就需要成人的帮助。为此，必须在成人和儿童的世界之间架起一座桥梁。"有准备的环境"就是要发挥一座桥梁的作用，其目的是使成人的世界适合儿童的发展。也就是说，蒙台梭利的"有准备的环境"主要包括两部分：第一是儿童生活所需的物质环境。如按儿童生理学、心理学及卫生学要求设计的生活用具及生活环境，具有独特意义的蒙台梭利教具及工作室环境，充满自然生机的可供儿童做充分运动的户外环境。第二是儿童所处的社会文化环境，如教师、家长的尊重、关爱及与同伴交往的和谐。

儿童生活所依赖的物质环境的作用不仅仅在于向儿童传授基本的知识和技能，更重要的在于能让儿童在这种环境中发展心理、提升人格、完成自我建设。同时，儿童生活的社会文化背景及教师、家长的影响也会对儿童的心理发展及人格形成发挥不可忽视的作用。

蒙台梭利在她的著作中曾描述她所创办的儿童之家的情形，可将其作为"有准备的环境"的一个范本。她说："儿童之家并没有什么固定的形式，而是给儿童提供了活动和发展的一种环境。"

蒙台梭利说："所谓儿童之家，是指能够给孩子提供发展机会的环境（注：不要误会为孤儿院或收容所），这种学校并没有一定的规格，可以按经济情况和客观的环境来定。不过，它必须像个家。"也就是说，不能仅是一两间同样大小的教室，必须有几个房间，有庭院，院子里有遮风避雨的设备——儿童可以在户外活动，可以放些自己喜爱的、自己能够照顾的小花小草、小动物、小摆设。比如，附近有绿树成荫的花园，儿童可以在树荫下游戏、工作和休息；有专门为儿童设计的工作室和休息室。工作室是儿童之家最重要的场所，布置有长玻璃柜和带有两三格小抽屉的柜子。玻璃柜很矮，儿童可以轻松自如地取放各种器具。在抽屉柜里，每个儿童都有自己的一格抽屉，用以存放个人物品。周围墙上挂有黑板，可以让儿童在上面绘画、写字，还可以贴有儿童喜欢的各种图片，其内容须经常更换。工作室的一个角落还铺上了工作毯，儿童可以在工作毯上活动。休息室则是儿童彼此交谈、游戏和奏乐的地方。此外，餐厅和更衣室都是按儿童的特点和需要布置的。在这样的环境中，儿童是主人，他们可以自由选择感兴趣的活动。每天的活动时间从上午9时到下午4时，包括谈话、

清洁、运动、吃饭、午睡、手工、唱歌、照料动植物，以及各种感官的训练和知识的学习等。儿童的学习和工作可以由他们自己安排，不受规定时间的限制。

由此可见，蒙台梭利所谓的"有准备的环境"就是一个符合儿童需要的真实环境，是一个与儿童身心发展的需要相联系的活动环境，是一个充满自由、爱、营养、快乐和便利的环境。

二、如何构建"有准备的环境"

一个适宜的环境是可供儿童自由工作的、丰富的、会对儿童产生深刻影响的环境。要想创设一个这样的环境，就要求教师在深入理解蒙台梭利环境理论的基础上，遵守物质环境与心理环境、精神环境相结合的原则，并同时做到以下几点。

第一，准备一个能符合儿童的节奏和步调，适应他们对感知空间需求的生活与学习场所。儿童在大小、远近、时间、节奏、步调方面与成人的感知觉截然不同，所以我们不能用成人的标准要求他们，而是尽量给他们准备一个适合其发展的、属于他们的乐园。在蒙台梭利班级，教室的桌子、椅子、玩具等都是按儿童的身高比例设计的；在生活与学习中，教师总是更耐心地关注儿童本身的步调。每天中午请儿童上床、脱衣服睡觉时教师总会说"请在1分钟内迅速脱掉衣服睡觉"，有的孩子会问1分钟是多长时间，教师可以回答"大概数60个数字的时间"。即使这样，他们也不会迅速脱衣服睡觉，而是说话、玩。教师还要尽量耐心地等待，因为他们根本就没有像成人那样准确的时间概念。

第二，尊重与关爱儿童，给他们有安全感的环境。人需要被尊重，儿童亦然。在被尊重的环境中，儿童会感觉亲切、安全，这样他们才会更好地成长。蒙台梭利建议在每个儿童刚进入班级时，教师都要用非常温和的语气和他讲话，并拉着他的手带他熟悉班级的环境；也可以请他选择工作，这样儿童才会信任教师，也会觉得自己安全了，从而开始选择工作。虽然第一项工作他可能只是将其放在工作毯上没做就收了，但教师依然要耐心地允许他选择另一项工作，儿童就是通过这样一步步地感知才开始信任环境的。

第三，可以让儿童自由选择工作和活动的场所。"有准备的环境"应该是准备有丰富的教具，可以适合各年龄段儿童的工作选择，可以让儿童自由活动，可以吸引他们开展工作的环境。当然，这种自由不是绝对的自由，而是在遵守纪律前提下的自由。蒙台梭利教室对所有入班儿童都是开放的，在这种自由的工作室中，只要不扰乱秩序就可以自由选择工作、自主决定工作的进展程度。虽然教师给班里不同年龄的儿童准备了不同的工作，有的可以做中国地图的绘画练习，有的可以学习数棒的加法，还有的可以做金色串珠的工作，但他们并不会强迫儿童做这些工作。儿童喜欢做就做，即使年龄小的儿童也可以选择较难的金色串珠工作。如果他们说话、跑动，就不得不停下工作原地静坐1分钟，因为他们的自由是相对纪律而言的。

第四，这种环境是有限制的、有秩序的，有环境所需的规则与纪律。蒙台梭利工作室并非毫无原则性的自由场所，在工作室里，儿童要怎样坐、站、走，怎样卷铺工作毯，怎样拿取教具，怎样求助于教师，怎样请求其他小朋友帮助等，都是有其自身规则、纪律与秩序的。一般开班后的第一周是专门学习工作室纪律的时间，儿童要知道怎样在一个准备好的环境中维护这个环境、获益于这个环境。"秩序存在于有准备的环境中的每一部分"，秩序可使儿童朝着真实且正确的工作方向去努力，也就是让儿童能认真地去过"真实的生活"。只有能够独立地专注于自己世界内活动的儿童，才能真正在下一个阶段的成人世界中开展活动。

第五，准备有艺术性、能体现美的环境。爱美是人类的天性，美对儿童同样有着非凡的吸引力。儿童最初的活动欲是由美激发的，所以儿童周围的物品不论颜色、光泽、形状，都必须是具有美感的。蒙台梭利工作室是按真实、自然原则结合美感设计的。蒙台梭利教师精心布置教室中的每一个角落，让儿童觉得教室不仅像家一样安全、舒适，还可以让他们发现很多可以探索的东西。这样，他们会细心地发现环境中的每一点不同，细心感受环境中每一点美的要素。

ZHISHI ZONGJIE 知识总结

在蒙台梭利的教学法中，环境的向度主要分为"有准备的环境"与教具两大部分。"有准备的环境"不仅包括硬件设施，还包括学习气氛；教具方面则体现出其教学方法所独有的特色。蒙台梭利以教具来进行教学，这不仅使自发性的教育成为可能，也为她探索新的教育方法带来很多启发。蒙台梭利主张为儿童提供一个能激发其活动动机的、有准备的环境，这是成人为剔除儿童周围不适宜他们发展的因素而创造的，因此这种环境必须由理解儿童和了解儿童内在需要的教师来准备。

一、环境创设的要求

1. 自由发展的环境

在自由发展的环境里，儿童的精神生命能自然地得到发展，其内在秘密也可以得到揭示。为此，应该尽可能地减少障碍物，使环境更能满足儿童内在发展的需要，有助于儿童创造自我和实现自我。应该使儿童能在环境中找到发挥他自己的真正能力所必不可少的工具，使他意识到自己的力量，从而变得独立。

2. 有秩序的环境

在有秩序的环境里，儿童既能安静而有秩序地生活，不断地完善与发展自己的生理和心理，也能有规律地生活，减少生命力的浪费，真正做到让环境有利于自身的正常发展。

3. 愉快的环境

在愉快的环境里，几乎所有的东西都是儿童自己的，并且符合儿童的年龄特点和身体发育规律。整洁的白色教室，特地为他们制作的小桌子、小凳子和小扶手椅，还有院子里的草坪等，对儿童都具有很大的吸引力。

4. 生机勃勃的环境

在生机勃勃的环境里，儿童充满着快乐和真诚，能毫不疲倦地"工作"，精神饱满地自由活动。这种环境并不仅仅是让儿童去适应或享受，还是帮助其进行完善自己的各种活动的一种媒介。

二、环境创设的原则

1. 区域齐全、通道畅通的原则

教室中活动区域的设置要齐全，每个区域的大小可根据儿童的需要来确定，设置区域时要预留通道且保证畅通，保证儿童行动自如，不影响他人"工作"。

2. 结构有序、自由"工作"的原则

教室中区域的设置及教具的摆放要有条不紊，应考虑到儿童的使用及归位是否便利；要保证儿童有选择"工作"伙伴、"工作"时间、"工作"地点、提问或交谈及不"工作"的自由。

3. 真实自然、和谐统一的原则

教室中的教具是真实、可操作的材料，适合把儿童带进一个与真实世界紧密相连的环境，每样物品都要精心设计且摆放有序，但不要奢侈华丽；教室的整体环境要和谐统一，氛围要平静而温馨，物品不论颜色、形状都必须具有美感且对儿童具有吸引力。

4. 教具实用、必要限制的原则

教室中投放的教具材料在形状、规格上都要根据儿童的标准而设计，符合儿童内在的需求，避免儿童因能力所限而产生挫败感；在数量上要有限制，蒙台梭利教室里的每样教具都只有一件。

5. 兼顾集体活动和个别学习的原则

教室的环境既要满足集体活动的需要又要兼顾个别学习的需求，每个区域要一半开放一半封闭，做到因地制宜。蒙台梭利教室通过采用混龄式编班来给儿童提供一个真实的社会生活环境。

6. 热爱生命、展现文化的原则

教室里要创设鲜活而富有生命力的自然环境，提供生机勃勃的动植物让儿童照顾，培养其珍惜生命、热爱生活的意识；教室里也要投放展现国家民族文化、地域文化的材料，培养儿童爱国、爱家乡的情操。

> **拓展阅读**
>
> #### 环境的提出背景及内涵
>
> 蒙台梭利认为，儿童的内在潜能是在环境的刺激和帮助下发展起来的，是个体与环境之间相互作用的结果，要帮助一个儿童，我们就必须给他提供一个能使他自由发展的环境。因此，儿童教育所要求的第一件事就是为儿童提供一个能够发挥其大自然赐予的力量的环境，让他们能够自然和自由地发展，这需要在成人和儿童的世界之间建立一座桥梁——"有准备的环境"。
>
> 蒙台梭利提出，"不仅教师的职能必须改变，学校的环境也必须改变……学校应成为儿童可以自由生活的地方，这种自由不仅仅是内部发育中潜在的、精神上的自由；儿童的整个生物体，从他的生理、生长部分到机体活动，都将在学校找到'成长发育的最好条件'"。同时，蒙台梭利也十分重视家庭环境和社会环境的影响，要求父母、成人改变对待儿童的错误观念和行为，呼吁社会关心儿童，保护儿童的权利。成人不应该是儿童独立活动的障碍物，他们也不应该代替儿童去进行那些能使儿童变得成熟的活动。要废除一切压制儿童个性和情感、摧残和折磨儿童身心的方法和手段，让儿童的"内在潜力"得以充分地展现和发展。这样，在一个不受约束的环境中，即在一个适宜于他的年龄的环境中，儿童的精神生命会自然地得到发展并揭示它的内在秘密。否则，所有未来的教育尝试都只会导致一个人更深地陷入无止境的混乱之中。因此，她认为，教育体系的最

根本特征就是对环境的强调。同时也认为，环境无疑是生命现象中的次要因素，它可以改变，因为它既能促进生命的发展，又能阻碍生命的发展，但它绝不能创造生命。

因此，蒙台梭利所谓"有准备的环境"就是一个符合儿童需要的真实环境，这个环境中所有的东西都适合儿童的年龄特点和身体发育规律，并且整洁有序；是一个供儿童身心发展所需之活动、练习的环境，儿童在这里毫不疲倦地学习，精神饱满地自由活动；是一个充满自由、爱、营养、快乐和便利的环境。

蒙台梭利强调儿童早期的环境经验对其之后各阶段发展的重要性，尤其是对儿童智力发展的重要价值。她指出："正在实体化的儿童是一个精神的胚胎，他需要自己特殊的环境。正如一个肉体胚胎需要母亲的子宫并在那里得以发育一样，精神的胚胎也需要外界环境的保护；这种环境充满着爱的温暖，有着丰富的营养，在这种环境中所有的东西都倾向于欢迎它，而不会对它有害。""在个人（精神的胚胎）和他的环境之间存在着相互交换。环境可以塑造个人并使其达到完美。儿童被迫跟他的环境达成某种妥协，结果必然导致他的个性的整合。"在蒙台梭利看来，儿童的各种生命潜力只要在适宜的、有准备的环境中通过适当地活动就可以被激发出来，从而达到发展的目的。

在"儿童之家"，蒙台梭利准备了一个排除发展障碍的环境，在这种环境中儿童可以自由地表现自身的需要和爱好。"儿童之家"有一个带花园的宽阔广场，它和教室直通，儿童可以随便进出。"儿童之家"的小桌子、小椅子都很轻巧且易于搬动，而且允许儿童选择自己最舒适的坐姿坐在座位上；教室内装教具的柜门、橱门易开，儿童可以自己保管教具；教室里还有许多黑板挂得较低，最小的儿童也能在上面画画和写字。蒙台梭利认为，这些不仅是一种外部自由的象征，而且是一种教育的手段。儿童在这里学会支配并纠正自己的行为，他们所获得的行动能力将受用终身。对"儿童之家"环境设置的强调，反映了教育环境对儿童行为发展的巨大价值。

总之，一个适宜的环境有利于儿童的生长和发展，可为儿童开拓一条自然的生活道路。蒙台梭利的"儿童之家"可以说是她为后人树立的"有准备的环境"的典范。她认为，当儿童被置于上述"有准备的环境"中时，他们就能按自己的内部需要、发展速度和节奏来行动，最终成长为表现出一系列优良品质和惊人智慧的人类中的一员。如果儿童没有这种环境，他的精神生命就不能发展，而且还可能一直处于虚弱、乖戾和与世隔绝的状态。

能力进阶

儿童的情绪在成人眼里，总是"变幻莫测"、难以捉摸，这是因为儿童拥有他们独特的敏感期。

蒙台梭利对敏感期进行了认真的研究，并指出了一些心理现象发展的敏感期。掌握儿童的敏感期，有助于了解儿童的情绪变化，进而在合适的时间、通过合适的环境安抚儿童的情绪。

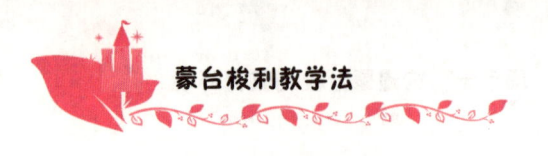

一、儿童的敏感期

1. 语言敏感期（0~6岁）

婴儿开始注视大人说话时的嘴型并发出牙牙学语的声音，这便开始了他的语言敏感期。学习语言对成人来说是件困难的大工程，但儿童能轻而易举地学会母语并阅读，这是因为儿童具有自然所赋予的语言敏感性。因此，若儿童在2岁左右还迟迟不开口说话，应带他到医院检查是否有先天障碍。

2. 秩序敏感期（2~4岁）

儿童需要一个有秩序的环境来帮助他认识事物，熟悉环境。一旦他所熟悉的环境消失，就会令他无所适从。蒙台梭利在观察中发现儿童会因为无法适应环境而害怕、哭泣，甚至大发脾气，因而确定"对秩序的要求"是儿童极为明显的一种敏感性体现。

儿童的秩序敏感性常表现在对顺序性生活习惯、所有物的要求上。蒙台梭利认为，如果成人未能提供一个有序的环境，儿童便"没有一个基础以建立起对各种关系的知觉"。当儿童从环境中逐步建立起内在秩序时，其智力也因而逐步建构起来。

3. 感官敏感期（0~6岁）

儿童从出生起，就会借着听觉、视觉、味觉、触觉等感觉来熟悉环境、了解事物。3岁前，儿童通过潜意识的"有吸收性的心智"来吸收周围事物；3~6岁则更能具体地通过感官判断环境中的事物。因此，蒙台梭利设计了许多感官教具，如听觉筒、触觉板等以刺激儿童的感官，引导儿童自己产生智慧。

4. 对细微事物感兴趣的敏感期（1.5~4岁）

忙碌的成人常会忽略周边环境中的细微事物，但是儿童却常能捕捉到个中奥秘。这说明儿童和成人不同，儿童具有不同的智力视野。蒙台梭利提出，"从出生后的一年半开始，儿童不再被一些庸俗华丽、颜色耀眼的物体所吸引……这时期的儿童开始对成人没有注意到的微小物体感兴趣"。

5. 动作敏感期（0~6岁）

2岁的儿童已经会走路，是最活泼好动的时期，成人应让儿童充分运动，使其肢体动作正确、熟练，并帮助左、右脑均衡发展。除了大肌肉的训练外，蒙台梭利更强调小肌肉的练习，即手眼协调的细微动作教育。这样的练习不仅能使儿童养成良好的动作习惯，也能促进儿童智力的发展。

6. 社会规范敏感期（2.5~6岁）

2.5岁的儿童逐渐脱离以自我为中心，而对结交朋友、群体活动有了明确倾向。这时，成人应帮助儿童学习生活规范、日常礼节，使其日后能遵守社会秩序，拥有自律的生活。

7. 阅读敏感期（4.5~5.5岁）

儿童的书写与阅读能力虽然发展较迟，但如果能在语言以及感官、肢体等动作敏感期内进行充分的学习，其书写、阅读能力便会自然产生。

8. 文化敏感期（6~9岁）

蒙台梭利指出，儿童对文化学习的兴趣萌芽于3岁，到了6~9岁会出现探索事物的强烈要求，因此，这时期"儿童的心智就像一块肥沃的田地，准备接受大量的文化播种"。成人可在此时提供丰富的文化资讯，以本土文化为基础，延伸至放眼世界的博大胸怀。

二、安抚情绪

根据以上信息，挑选合适的背景音乐，并尝试选择用语言引导、习惯动作、感官游戏等方式，设计一个可以快速安抚儿童情绪的场景。

拓展阅读

第一所"儿童之家"的规章制度

罗马良好住房协会据此在其经济公寓住宅之某号设立一个"儿童之家"，以对住户中达到上公立小学年龄的儿童进行集中管教。

"儿童之家"的主要目的是对儿童进行免费照料，因其父母不能从工作中抽身来专门看管他们。

"儿童之家"将对儿童进行教育，以保证他们的健康以及身体和道德的发展。该项工作以适合儿童的年龄特征为标准。

"儿童之家"的工作将由一位女教师、一位医生和一位保育员负责开展。

住户中准允进入"儿童之家"的儿童年龄须在3~7岁。

凡希望把自己的孩子送进"儿童之家"接受看护和照顾的父母无须交费，但须承担如下相应的义务。

（1）在指定的时间把孩子送进"儿童之家"，须保证孩子身体和衣服的干净整洁，还须穿上一件合身的围裙。

（2）须对"儿童之家"的女教师及其他所有与"儿童之家"相关的工作人员给予最大的尊重。在儿童教育方面父母要与女教师本人密切合作。母亲必须每周至少去"儿童之家"一次，与女教师交流，告诉她孩子的家庭生活情况，并接受她的有益建议。

有下列情形的儿童，将被"儿童之家"除名。

（1）未曾梳洗，衣着不整洁者。

（2）屡教不改者。

（3）其父母不尊重"儿童之家"的相关工作人员，或行为不端、破坏"儿童之家"的教育活动者。

（玛丽亚·蒙台梭利.《蒙台梭利方法》. 安妮·埃弗雷特·乔治，英译版. 纽约：弗里德里克·A.斯多克斯出版公司，1912：71-72页。）

任务检测

设计一份幼儿园班级环境规划书，要求：
（1）环境设计应符合蒙台梭利教育法的要求；
（2）适合各个年龄段的儿童；
（3）应考虑环境的适宜性、舒适性、美观性。

任务二　教师角色演绎

蒙台梭利认为，"教育旨在满足心灵需求，所以它是一门充满艺术性的工作，也只能在为儿童服务的过程中得以体现"。追本溯源，教育的首要问题在教师，教师必须厘清自己的思想观念，谦虚谨慎，甘当儿童的"小学生"；抛弃一切偏见，改变自己的态度，成为儿童和蔼可亲、睿智、开放的向导；做耐心的观察家，兼具科学家的精准和贤哲的洞见；教师深思熟虑的话语应最大限度地保证简单易懂、表达准确；准备一个有利于儿童生活的环境，使儿童的心灵能够得到解放，显露出他们非凡的品性。不要使最接近儿童的成人——母亲或是教师，成为最可能危害儿童的人。

RENWU ZHUNBEI　任务准备

当地蒙台梭利幼儿园一所、纸、笔。

RENWU YANSHI　任务演示

一、课前准备

1. 撰写主题活动计划

幼儿园教师在组织主题活动之前，要先选取合适的活动主题：一要以儿童发展为本，尊重儿童的身心发展特点和规律，体现时代精神和蒙氏教育理念；二要体现五大领域内容与蒙氏教育内容的整合和共生，既考虑儿童的个体差异，又促进儿童的全面、和谐发展。另外，还要认真撰写主题活动计划。

主题活动计划就是教师为有效实施主题活动而设计的一整套方案。以下为活动方案设计的示例。

（一）活动名称

（二）活动来源

幼儿园组织的主题活动要围绕促进儿童的发展进行，因此这些活动应该是基于教师对儿童的观察和了解而选择的，一般来源于儿童的兴趣、儿童的游戏、儿童的日常生活体验及教师的经验等。

（三）活动时间

主题活动时间的长短受多种因素的制约，如儿童的兴趣持续时间、儿童的发展水平、学习环境、儿童的生活经验等。教师要根据儿童的实际情况和需要，对活动时间进行弹性调整。

（四）活动目标

每一个主题活动都要有一个活动总目标，这个活动总目标要依据本地、本园的实际来制定，要符合儿童的发展水平，要遵循儿童受教育的"敏感期"的规律，同时要贯彻国家纲领性文件的精神，也要符合蒙氏教育目的和教育内容的要求。

（五）活动思路

一个大的主题活动往往可以分解成若干个小的相互关联、相互依存的子主题活动，而每一个子主题又可以分解成若干个独立的但内容密切相关的系列教育活动。怎样才能更有序地进行这个主题活动？我们可以借助主题活动网络的形式厘清活动思路。主题活动网络是一种由许多与主题相关的子主题编织而成的放射状图形，它把各种资料都加入到主题之下的各子主题中。

教师可以根据实际情况的需要以及儿童的兴趣、年龄和心理特征等来生成系列教育活动，即主题活动网络图的编制一般由教师和儿童一起完成。主题活动网络图是一个开放的结构图，从主题活动到其生成的子主题，以及支撑子主题的系列教育活动，它们的内容很丰富，涉及的领域也很广泛。

主题活动网络图明确了主题教育活动有可能延伸的方向和主题探索的范围，它并不要求教师必须实施每一个子主题的每一个子活动。因此，教师要充分发挥自己的主观能动性，根据儿童的兴趣、关注点和实际情况来组织实施活动。

（六）主题活动设计表

教师在实施主题活动前可以设计一个主题活动表，它比主题活动网络图要更细化、更具体。通过这个表格，教师要把每个子主题中每个活动的活动目标、组织形式、活动方式等清晰地展示出来。这样做，便于教师把握整体课程的安排，便于教师对主题活动的实施有一个概括的了解，好在具体实施活动时有个参考，同时也有利于教师总结活动和改进日后的教学工作。主题活动设计表一般包括以下八个方面，如表1-2所示。

第一个是主题名称。

第二个是子主题名称。

第三个是具体的活动名称（具体活动要围绕子主题展开，要有序列出）。

第四个是具体的领域指向（活动涉及的具体领域，如语言领域、科学文化领域、社会领域等）。

第五个是教育活动目标。

第六个是活动的组织形式（团体活动、小组合作学习、个别指导）。

第七个是实施的方式方法（探索、观摩、欣赏、讨论或者操作等）。

第八个是活动的资源准备（活动所需的教具材料、图片资料、音像资料、多媒体设备等）。

表1-2 主题活动设计表

主题名称	子主题名称	活动序号	活动名称	领域指向	活动目标	组织形式	方式方法	资源准备
主题名称	子主题1	1	活动1					
		2	活动2					
		3	活动3					
	子主题2	4	活动4					
		5	活动5					
		6	活动6					
	子主题3	7	活动7					
		8	活动8					
		9	活动9					

针对相关内容，教师可以生成"主题活动计划表"，如表1-3所示，主题活动结构便一目了然。

表1-3 主题活动计划表

班级：_____   执教人：_____   主题活动时间：_____

主题活动名称	
主题活动来源	
主题活动目标	
资料的收集	
家园共育	
区域活动的环境创设	日常生活区： 语言区： 感官区： 美术区： 音乐区： 科学文化区： 作品展示区： ……
走线音乐	

（七）环境创设

在蒙氏教育体系中，教师、儿童和环境构成蒙氏教育的三要素，其中"有准备的环境"是蒙氏教育法强调的重点。主题活动成功与否，在很大程度上要受活动环境的影响，因此活动环境的创设非常重要，主要包含以下四个部分。

（1）资料的收集。为配合主题活动的实施，教师在活动前应想方设法收集主题活动的相关资料，如教具材料、图片资料、音像资料、多媒体设备等。

（2）家园共育。活动实施前，教师要根据活动目标，及时联系儿童的家长，有需要家长参加的亲子活动等要及时与家长沟通交流，取得家长的理解和支持，形成教育合力。

（3）区域活动的环境创设。组织者应围绕主题活动目标创设区域活动环境，供儿童自由工作时使用。主要包括日常生活区、语言区、感官区、美术区、音乐区、科学文化区、作品展示区等区域的环境创设。

（4）走线音乐的选择。在蒙氏教育活动中，每天的走线活动是儿童特别喜欢的一个环节，好的走线活动可以使儿童身心愉悦，而选择与主题相适宜的走线音乐尤其重要。必要时，教师还要准备走线辅助材料。

（八）主题活动实施与记录

主题活动实施与记录是为具体教学活动设计的，教师可以根据教学活动的实施情况制成活动记录表，来监督和反思自己的教学活动，也便于日后工作的总结和改进。活动实施记录表主要包括具体的执教人、活动时间、活动名称、活动目标、活动准备、活动过程、活动预设与调整及活动反思，如表1-4所示。

表1-4　活动实施记录表

执教人：	活动时间：
活动名称： 活动目标： 活动准备： 活动过程：	活动反思：
活动预设与调整：	

2. 准备教具

蒙台梭利经过不断的反复研究，设计出了一套训练正常儿童以帮助其成长的教具材料，即蒙氏教具。蒙氏教具不是辅助上课的教具，而是儿童工作的材料。"蒙氏教育体系的最基本方针就是利用各种不同的教具，唤醒儿童的安全感受。这些教具并没有绝对的价值，它们的效用体现，全看教师用什么方式将这些东西呈现给孩子。这就需要教师必须选用最有成效的方法让孩子对教具产生兴趣，想要自己动手去使用它。"因此，蒙氏教师在实施教学活动之前，一定要熟悉每一个教具，做好使用教具的准备工作。

（1）教具准备的原则和要求。

①教具的准备要能满足主题活动的需要，并能根据实际活动的开展情况灵活处理。教师要根据教育目标为能力不同的儿童提供有难度差异的教具，通过使每个儿童都能选择到适宜的教具达到教育目标。

②教师要考虑儿童的年龄特征和兴趣。小班儿童刚从家庭步入幼儿园，集体生活的经验不足，因此只能从他们已有的生活经验中挖掘生活与感官练习方面的材料来让他们开展蒙氏工作。而中、大班的儿童可以逐步过渡到数学和语言方面的教具，来训练他们的综合思维能力。

③在准备与提供蒙氏教具时，还要注意因材施教。教师要充分考虑到班级的实际情况，充分考虑儿童间的个体差异，因地制宜、循序渐进，让儿童根据自己的能力自由选择。

（2）蒙氏教具的摆放要求。

①蒙氏教具的摆放要有秩序。在蒙氏教具中，同种类的操作材料并不多，教具应按日常生活教具、感官教具、数学教具、科学文化教具、语言教具五个区域的顺序分别放在教具架上。这样按类别摆放有利于培养儿童良好的秩序感，也有利于培养儿童良好的收归玩具的习惯。

②蒙氏教具的摆放要科学。蒙氏教具做工精良、质地考究、逻辑性强，其摆放必须科

学。每个区域的教具应根据操作的难易程度按从简单到复杂的顺序来摆放，这样有利于儿童根据自己的能力情况自主选择工作材料，并在活动中按固定的操作程序进行自我发现、自我学习，以达到预期的教育目标。

③蒙氏教具的摆放要便于儿童取放操作。教具架上的每个教具之间要保持一定距离，方便儿童与教师尤其是儿童的取放。操作内容相关联的教具应摆放在一起，例如，插座圆柱体可以与彩色圆柱体放在一起，三种色板的教具放在同一层等。每个教具应贴近教具架的边缘摆放，教具架边缘应贴上所放教具的名称，这样对教具的管理，儿童的秩序感、识字能力的培养都有帮助。

④蒙氏教具的摆放要考虑幼儿园的班级空间。幼儿园的蒙氏班级，若班级空间较大，教师可以把教具分别摆放在各区域的教具架上；若班级空间较小，教师可以将本学期涉及不到的教具暂时收起来，或是定期将操作熟练的教具收起来换上未操作过的教具。

⑤蒙氏教具的摆放要考虑儿童的年龄特征。教师在摆放教具时还要根据班级儿童的年龄来调整各个区域放置教具的多少。当班级儿童的年龄在4岁以下时，教师可以将日常生活区的教具多放置一些，数学区中较难操作的教具可以收起来，如平方珠链、立方珠架等；当班级儿童的年龄在4岁以上时，教师可以少放置一些日常生活区的教具，多放置一些数学区的教具。

二、课堂互动

1. 教师自我介绍

教师与儿童围坐在蒙氏线上，教师与儿童打招呼并介绍自己。

2. 走线

配合轻盈、舒缓的音乐进行线上活动。在活动室中心画内外两条椭圆形的同轴线，外圈与墙壁距离 1.5~2 米，外圈与内圈间距为 30~40 厘米。线的宽度可以比照儿童的脚宽，可让儿童做线上练习或用于儿童各种活动的区域控制。

（1）线上走线：分徒手走线、持物走线、动作走线等。让儿童脚跟挨脚尖走在线上，以达到提高儿童平衡力及专注力的目的，使儿童的精神更快地集中到工作环境中。

（2）线上游戏：主要是指儿童在线上进行一些游戏。这一方面可以维持儿童的秩序，另一方面可以使线起到一定的管理作用。

3. 肃静练习

教师关掉音乐，线上活动结束。每天肃静练习的内容不同，比如可以听室内外的声音、教师制造的声音、教师小声讲话的内容、音乐节奏等。通常是在教师点过儿童的名字后结束此活动。通过此环节来练习儿童听力的敏锐度，提高其专注力。

4. 进行教师团体工作示范或儿童自由工作

要根据选择的工作区域及内容来决定，具体过程包括以下几个环节：取、铺工作毯；取教具；工作过程；听到音乐后收纳整理教具，物归原处；收、送工作毯。

在儿童自由工作的过程中，主班教师要通过观察来发现儿童工作的兴趣点，引导其选择工作并示范方法，延长工作周期，提高工作效率。助班教师要做好观察记录，即记录儿童的工作情况，同时也要协助主班教师指导儿童的工作。

5. 工作结束

教师带领儿童做结束活动，并引领儿童进入后面一日的活动。

三、课后总结

整个主题活动结束后，教师要结合活动实施的实际情况，对此次活动进行及时的总结和反思。课后总结和反思（见表1-5）包括：哪些活动是按预设方向发展的？儿童参与活动的情况如何？通过活动，教师和儿童的成长情况如何？活动中突发事件是怎样处理的？教师自身还有哪些不足？下次活动还要注意哪些问题等。通过主题活动反思，可有助于教师改进和顺利开展以后的教学工作。

表1-5　课后总结和反思

课后总结和反思

执教人：
时　间：

主题活动计划不是死板的，教师要尽可能地整合各个领域的内容，考虑到与主题相关的各种可能性；在教学活动中要及时捕捉儿童活动的信息，并及时做出反应、调整计划。主题活动结束后教师还要及时总结反思。所以，主题活动的计划方案应该是弹性的。

〉〉〉 任务解析
RENWU JIEXI

一、蒙台梭利教师的角色

1. 观察者

蒙台梭利强调，一名蒙台梭利教师首先要是一个积极主动观察儿童的观察者，而且要以科学家的精神、运用科学的方法去研究儿童的表现以及引起此种表现的心理因素，从而揭示儿童的内心世界，发现童年的秘密，进而引导儿童沿着自己的生命轨迹不断前进。

教师必须通过教育实践培养起观察在自然条件下自由工作的儿童的习惯。在教学中，教师应抓住儿童每一瞬间的表情、动作、神态来观察儿童对什么感兴趣、怎样感兴趣、兴趣持续时间的长短，由此研究儿童内在生命的需求及进一步发展的方向，为自己的引导做准备。

"教师必须具备科学家的耐心，也就是必须有强烈的兴趣观察儿童。""不断想要教儿童怎么做、干涉儿童活动的教师无法观察出儿童依照自然引导自发性成长的状况，教师只有控制自己的活动，才能冷静地观察儿童。""教师要能想象出还没达到目的的儿童想要开始下一个过程的情形。""当教师感到自己受兴趣的强烈驱使而'看到'儿童的精神世界，并体验到一种宁静的快乐和不可遏制的观察欲望时，那么，她就会明白她已步入正轨。"蒙台梭利的这些名言都说明了观察与科学的研究在蒙氏教育体系中的重要性。身为一名蒙台梭利教师，我们只有善于观察、冷静研究，才能适当引导、激发儿童工作的兴趣与热情。

由于教师有责任引导儿童的精神发展，因此在观察儿童时，不仅要了解他们，更要将教师观察的最终目标即辅助儿童的能力呈现出来，这才是观察的唯一目的所在。

2. 环境的创设者

"教师的首要责任就是关注环境。环境的影响是间接的，但是如果环境不好，儿童在身体上、智力上和心理上都不会有所发展，即使有所发展也不会长久。"首先，教师应该给儿童创设一个宽松、自由发展的心理环境。它应该是一个有秩序的、生机勃勃的、愉快的环境，是容易为儿童所接受、所喜爱的环境。其次，教师应该给儿童创设新奇、生动的物质环境。因为只有新奇、生动的物质环境，才会使儿童产生兴趣。儿童可以调动各种感官参与其中，通过视、听、触、味、嗅觉来了解各种事物的特性。

从某种程度上来说，蒙氏教育就是要让儿童通过富有教育性的环境激发自己的学习欲望，吸收有利于自己心智发展的精神食粮，从而使其通过自我教育达到自我完善。因此，蒙台梭利教师应该随时根据儿童的发展需要创设教育环境、丰富教育环境、完善教育环境，满足儿童的内在需要，调节儿童与环境的关系，达到真正以儿童为主来布置环境。

3. 工作的示范者

给儿童一个已"准备好"的环境，让儿童可以在这种环境中自由选择工作，自由工作。但如果儿童不知道怎样按教具的要求工作，那么就难免出现把教具当玩具的现象。为了更好地发挥教具及环境的教育功能，教师需要引导儿童选择一种与自己心理发展水平相适应的工作，并给他示范这项工作的做法。当儿童掌握了各项工作的基本方法后，教师可以转为引导并且逐渐减少引导的程度，让儿童自己独立操作教具。

教师在做示范工作与引导工作时应该注意观察儿童的反应，在恰当的时候放手让儿童独立去完成。此外，教师在做示范工作时应该注意动作的准确、清晰与秩序，要用缓慢而准确的动作给儿童呈现一个清晰而有秩序的工作过程。蒙台梭利认为上课必须"简单、明了、客观"，因此做示范工作时语言一定要简单、明了、客观。

4. 沟通者

蒙台梭利教师投入许多时间在家园合作上。蒙台梭利认为，儿童是家庭的一分子，而不是完全孤立的个人，而且儿童的生活经验大部分在教室外取得。她认为没有与父母的亲密沟通与合作，单靠学校生活，即使是全天候的学校生活，也无法给儿童以完整的养成效果。在第一所"儿童之家"的墙壁上她就公布了一些规则："母亲必须将儿童干净地送到学校，并且在教学工作上与教师充分合作。"如果家长不合作，学校便会把儿童送回家。每个母亲必须"每星期至少和教师商量讨论一次，述说儿童在家中的生活情形，并接受建议"。

蒙台梭利教师除了要与儿童的家长及家庭生活保持密切的联系，还要扮演与家庭沟通蒙台梭利教学法的主要角色。在蒙台梭利教学法中，父母与教师扮演的角色都很重要，因此教师必须能够以演讲、示范或欢迎来宾参观等形式来满足家长学习交流的请求。

二、蒙台梭利教师守则

（1）在没有获得儿童接纳之前，绝不要任意触摸他。

（2）绝不在儿童面前或背后刻意批评他。

（3）诚心地辅导儿童发挥他的长处，使他的缺点自然而然地减至最低。

（4）积极地准备一个良好的环境，并持之以恒地管理维护。帮助儿童与环境建立相辅相成的关系。指引每一件用品的正确位置，并示范正确的使用方法。

（5）随时协助满足儿童的要求，倾听并回答儿童的问题。

（6）尊重儿童，让他能在当时或在其后发现错误时自行订正；若儿童有损坏环境、伤害自己和他人的行为时，必须立刻予以制止。

（7）儿童在休息、观看他人工作、回想自己的工作和考虑做何选择时，都要尊重他。不要打搅他，或勉强他做任何活动。

（8）协助儿童选择合适的工作项目。

（9）要不厌其烦地为儿童示范他先前不愿意做的工作，帮助他克服困难，学习尚未熟练的技能。为了达此目的，必须准备一个生动活泼、充满关爱、有明确规律的环境，配合以温馨和蔼的语气和态度，使儿童时时感到支持与鼓励。

（10）以最和善的态度对待儿童，并将你最好的一面自然地呈现出来。

蒙台梭利教师观在今天的学前教育中依然具有重要的地位。蒙台梭利对教师的要求不仅仅适用于蒙台梭利教师，还广泛适用于所有幼儿教师。热爱儿童、相信儿童、对儿童有耐心是一名合格的幼儿教师最基本的职业素养，而能够细致有效地观察儿童及其活动，科学地给儿童示范知识技能，和儿童及儿童家长有效地沟通，为儿童创设能够促进他们发展的环境，这些不仅是蒙台梭利教师应该扮演的角色和具备的能力，更是对我们每一名幼儿教师职业能力的要求。当然，我们在具体运用过程中，依然要注意蒙台梭利理论和我国学前教育实际情况的结合。

知识总结

一、发现儿童

1. 儿童是独立的个体

蒙台梭利指出："不应把儿童当作物，而应当把他当作人；不应把他当作由成人灌注的器皿，而应该当作正在努力求得自身发展的人；不应该把他当作由父母或教师来左右其个性的奴隶，而应该把他当作活生生的、主动的、独一无二的人来对待。"她继承卢梭、裴斯泰洛齐、福禄贝尔等人的观点，强调儿童天赋的潜能，主张让儿童在充满爱与自由的环境下发展潜能。

儿童的发展不是成人强加的，而是在跟环境的接触中，利用周围的一切，运用自己的意志，发展自己的各种功能，从而塑造了自己。蒙台梭利遗憾地感慨道：儿童的这种活跃的主动性、创造性，这种宝贵的精神生活，几千年来一直未被人发现。"成人错误地认为，是通过他们的照料和帮助，儿童才被奇妙地激发起来，他们把这种帮助视为一种个人的职责，把自己想象成儿童的塑造者及其精神生活的建立者。"

2. 儿童是成人之父

蒙台梭利提出："儿童是成人之父。"蒙台梭利认为，儿童不是一个事事依赖成人的呆滞的生命，不是一个需要成人去填充的空容器。恰恰相反，她把儿童看作成人精神的唤醒者，不经历童年，不经过儿童的创造，就不存在成人。她对儿童在成长发育过程中所表现出来的"内在生命力"充满了欣赏和崇敬。她认为，儿童给予成人理性、意志及其他适应世界的工具，成人的所有力量都来源于儿童的内在潜能。在她看来，儿童自身所蕴含的心理潜能和内在的规律性，就像大自然设定好的密码一样深深地被隐藏着，蕴含着生机勃勃的冲动力。儿童依靠天赋的"生命力"，经过超乎寻常的努力逐步建构起自己的心理世界。

3. 儿童是爱的源泉

蒙台梭利指出:"儿童是每一个人的温情和爱的感情相汇聚的唯一焦点。一谈到儿童,人的内心就会变得温和、愉快。整个人类都享受由儿童唤起的这一深厚情感,儿童是爱的源泉。要使世界和谐,必须考虑这种爱。"

蒙台梭利对儿童的精神世界有一种深刻的洞察。她认为,儿童的天性是比金子还要宝贵的矿藏。"儿童的心理天性虽是某种异乎寻常的至今仍未被认识的东西,然而它对于人类却是至关重要的。几千年来,它一直被忽视,这种异乎寻常尚未被认识的东西,就是儿童真正的建设性能力,即能动性。就像人类一直在其生活的地球上生息耕作,却没有注意到在地球深处埋藏着巨大的宝藏一样,今天的人们在文明世界中取得了一个又一个成就,却没有注意到埋藏在儿童精神世界中的宝藏。""爱是降生于我们世界的每个儿童的天赋,要是儿童爱的潜能得以发挥,或者其余所有价值都能得以全部发展,我们就会取得无法计量的成就……成人为了变得伟大,就必须谦逊,必须向儿童学习。"

4. 纪律并不是对儿童的压制

纪律是一种积极的状态,是建立在自由的基础之上的。旧式学校实行强迫的、屈从的、被动的、静止的纪律,不仅扼杀了儿童活泼好动的天性、抑制了儿童的生命潜力、窒息了儿童的好奇心和求知欲,而且只能培养出反应迟钝、智力低下、奴性十足的人。蒙台梭利指出,采用种种强迫手段培养的外表纪律,完全是虚假的,而且是不能持久的。真正的纪律是积极的、活动的、主动的、内在的和持久的。儿童的学习不是为学校做准备,而是为未来生活做准备;他们习得的纪律行为不应该只限于学校环境,也应被带到社会实际生活中去。蒙台梭利指出:"我们并不认为当一个人像哑巴一样默不作声,或像瘫痪病人那样不能活动时才是守纪律的。他只不过是一个失去了个性的人,而不是一个守纪律的人。有独立自主精神的人,无论何时何地当他意识到需要遵从某些生活准则的时候,他都能够节制自己的行为。"

在这个意义上讲,纪律就意味着自由。人们往往把纪律与自由对立起来。在蒙氏教育体系中,自由并不是放任自流,或让儿童任意妄为,儿童的自由是有范围和限度的。她在《蒙台梭利早期教育方法》一书中明确指出:第一,儿童的自由以不损害集体利益为限度;第二,不冒犯或干扰他人,对他人不礼貌或有粗野行为就应被制止;第三,有益于儿童的各种表现和发展——不管是什么行为,无论用什么形式表现出来,教师不仅要允许,而且必须进行观察。蒙台梭利的教育原则和方法是在"有准备的环境和特定的条件下给儿童以最大的自由和活动的权利,并在组织得井然有序的自由活动中让儿童自然而然地受到纪律和道德方面的教育和训练,让它植根于儿童心灵深处并逐渐养成习惯",所谓"习惯成自然",即变成他的"第二天性",而不是像旧式学校那样无休止地说教、命令、强制执行所强加的纪律和死记硬背的道德格言。所以,对蒙台梭利来说,"纪律和自由是一件事物不可分的两部分——犹如一枚铜币的两面"。

5. 给儿童选择的自由

蒙台梭利认为,选择是一种高级的智力活动。她认为:"智力通过人的注意力和内在意志活动,提炼出事物的主要特征,并通过意象的联想,将这些意象置于意识的前沿。每一个健全的大脑都能去粗取精,舍弃多余的东西,并将那些独特、清晰、敏感和重要的东西留存下来,尤其会保留那些对创造性有用的东西。如果没有这种独特的活动,就不能称其为智力了。"在蒙台梭利看来,天才就是那些能将限制自己发展的锁链砸碎的人,那些使自己享有自由的人，那些能够在众人面前坚持他所认定的"人性标准"的人，即能够坚持自己内心选择的人。解放儿童就是培养他们学会选择，而不是将我们选择好的东西强加给他们。蒙台梭利形象地列举了背诵但丁的诗歌与理解、赞美诗中内涵的本质区别，以此来帮我们认识接受别人的选择和通过深思做出内心选择的不同。

蒙台梭利通过对儿童的观察，认为儿童具有自由选择的能力。

一天，某位教师不小心打翻了一只盒子，盒子里是80多种颜色依次变化的小方块。教师当时就十分窘迫，因为要把这么多色彩不同的小方块按顺序排列起来是非常困难的。这时孩子们跑来了，令人惊讶的是，他们很快按照正确的色彩排列好了这些小方块。他们身上表现出了一种远胜于成人的选择敏感性。又有一天，一位蒙台梭利教师迟到了，而且她头一天忘了锁教具柜。当她到了教室后，发现孩子们已经自主把柜子打开了，并自主选择了自己感兴趣的工作。根据儿童自己的选择，教师可以清楚地看到他们的心理需求和倾向。

蒙台梭利还认为，儿童倾向于选择对他们发展有重要意义的东西。在第一所"儿童之家"中，蒙台梭利也投放了部分昂贵的玩具，但是没有一个儿童主动选择这些玩具。即使蒙台梭利教给他们怎样用这些玩具做游戏，儿童的兴趣也只维持一小会儿，然后就各自散开了。这使蒙台梭利明白，也许在儿童的生活中，游戏只是很小的一部分，由于他们没有什么更好的事情要干，所以才会做游戏。如果儿童感到有更重要的事情要做时，他们就不会再做这种游戏了。他们看待游戏就好比成人看待下棋和打桥牌一样，认为那只是一种消磨闲暇时间的手段。这说明儿童已经能够做出对自己发展最有利的选择。

儿童喜欢自由选择。他们渴望自己去选择那些不同的物品和行动，讨厌成人所定的规则。只要是儿童自己选择的东西，哪怕是一把不起眼的小尺子，他们也会玩得兴致高涨。蒙台梭利认为，当儿童身上迸发出学习热情时，他们不仅会对秩序、重复训练等非常入迷，而且有另一种需求得到了满足，那就是"自由选择"。

二、尊重儿童

蒙台梭利教学法所指的尊重，绝对不是连儿童的缺失和肤浅的表面现象也一并包容。尊重在本质上有几项基本原则，如能够察觉儿童的不同体能状况，鼓励儿童发展对其身心健康有益的行为、打消其他不好的念头，因为它们既没建设性，对儿童的发展也没什么贡献，只能让儿童的精力用错地方，影响儿童的发展。儿童是一个个生动而鲜活的个体生命，他们有独立生存权与自由发展权。我们只有把儿童作为一个个独立的人来看待，尊重他们的个性，才能真正做到给他们自我发展的自由并让他们真正成为自己的主人。但同时尊重也是有一定原则的，即尊重儿童良好的行为，而不是包容他们的不良表现。

1. 尊重儿童作为个体生命的独立发展权

生命有一种被尊重的需要与权利，只有当我们意识到儿童和我们自己一样也是一个独立的人时，我们才能遏制住管制、命令的欲望。只有当我们尊重儿童、对儿童的行为有一种尊重与理解的态度时，我们才会从儿童的角度出发协助儿童、教育儿童。

在旧的儿童观中，儿童被认为是成人的附属品、私有物，或者认为他们是被缩小了的成人，即"小大人"。虽然，从逻辑上讲，是父母给予了儿童生命，儿童似乎应该是父母的私有财产，然而，人的社会属性决定了儿童在从属于父母的同时还是社会的一员。蒙台梭利呼吁，成人要尊重儿童，要给儿童自由。她说："儿童并不是成人所认为的那样无知无觉，儿

童是有思想的，他们的思想还是不断发展的。"因此，可以说儿童是一个个具有自我意识的独立的生命体。儿童应该和成人享有同样的权利，成人必须给予儿童尊重。

　　蒙台梭利认为"教育"在儿童眼里一直跟"惩罚"具有同一含义。对儿童进行教育的目的就是让他们完全隶属于成人。在儿童教育中，成人自己代替了大自然，而成人的意愿则替换了生命的规律。成人以爱为名压制个体的独立发展：他们习惯性地包办儿童的一切并以成人的思维随意评价儿童的行为，强调保护，而不断削弱儿童的独立能力。

　　蒙台梭利对儿童的独立发展权非常重视，她强烈反对成人用不恰当的标准去干涉和妨碍儿童的行为，认为成人不应该运用惩罚的手段强迫儿童就范。成人必须要尊重儿童的生存和发展，"一个生命的内在个性与自我是自然而然发展的，非我们能左右，我们能做的仅仅是为他扫清成长过程中影响自我实现的障碍"。因此，教育作为一种帮助儿童的外因，要想发挥作用就必须首先尊重生命内在的独立发展权。

2. 尊重儿童身心发展的步调

　　儿童的身心特点与成人有本质的差别，因此我们要认识到儿童有其受年龄制约的特殊身心发展规律。例如，儿童的生命一直处于上升的阶段，他的生理发展阶段处于一种稚弱的状态，如心理不成熟、注意力转移快、记忆力差等。如果懂得这些，我们就会在儿童动作慢、手眼不协调时不催促他们，在儿童不认真工作时不责罚他们。蒙台梭利强调发现儿童和解放儿童，认为成人应该跟随儿童发展的步调，而不是扰乱和催促他们。

　　行动的节奏，并不是一个可以随意改变的旧观念。它几乎就像一个人的体形，是一个人的特征。当别人的行为节奏与我们接近时，我们就会感到高兴；但是当我们被迫去适应别人的节奏时就会感到痛苦。

　　蒙台梭利在《童年的秘密》中这样解释我们对节奏的感受：当我们和一个局部瘫痪的人一起走路时，我们就会感到一种痛苦；当我们看到一个患有中风病的人用颤抖的手缓慢地把杯子举到唇边时，他颤抖的动作和我们的行动自如形成的强烈反差，也会让我们痛苦。假如让我们去帮助他们，我们就会设法用自己的行动节奏去代替他们的节奏，以此来缓解我们内心的不适。

　　儿童由于身心发展的特点所限，行动的节奏远远跟不上成人，例如穿衣、梳头、走路甚至说话等，而我们大多数成人都选择毫不犹豫地用自己的节奏代替儿童的节奏，帮儿童穿衣、梳头，领着他们走路，甚至在他们还没有说完话时，帮他们说出下面的话。这样做，只能扰乱儿童自身发展的步调，带给儿童强烈的自卑感。

3. 保护儿童的尊严

　　蒙台梭利在对儿童的教育中发现，在儿童的心里有一种十分强烈的个人尊严感，这种尊严感是神圣不容侵犯的。儿童的尊严感比成人强烈，如果教育者压抑了儿童的这种尊严感，就会导致儿童产生严重的心理畸变。

　　蒙台梭利在"儿童之家"上过一堂意义非凡的课——教儿童擤鼻涕。这堂课蒙台梭利详细地向儿童示范了怎样运用手帕擤鼻涕的过程，还指导他们怎样才能做得不引人注目。本以为很有趣的内容却迎来了儿童严肃认真的态度和长久热烈的掌声。也许，谁都没有注意到擤鼻涕对儿童而言有多么困难，因为这种事情他们遭受了成人多少责备。我们常常只是训斥儿童不讲卫生，甚至将手帕系在他们身上，却从来没有认真教过他们如何正确擤鼻涕。蒙台梭利的做法无疑让儿童得到了应有的公平对待，让他们解决了尴尬，赢得了尊严。

　　儿童的心灵很容易受伤，苏霍姆林斯基说，教育的核心就是让儿童"始终处于自己的尊严感中"而不是"单调地把知识从一个头脑装进另一个头脑里"。儿童一旦有了尊严感，他们就会知道怎样做才是正确的。教育者只有时刻尊重儿童的人格，保护儿童的自尊心，才能与儿童保持和谐的关系，儿童也才能真正亲近教育者、信任教育者。蒙台梭利一直强调，只有时刻尊重儿童，才能让他们健康成长、自主学习。

蒙台梭利教学观提出"解放儿童""给儿童选择的自由"，这些是不同于当时旧教育观的历史性的教育革命。她还强调"环境"在儿童发展中的重要作用，对今天儿童发展三要素（遗传、环境、教育）的构成有一定的启发性。当然，蒙台梭利的教学观也具有一定的时代局限性。例如，她忽视对儿童创造力的培养。蒙台梭利虽然强调在选择操作教具时给儿童自由，但这种自由只是选择教具和选择操作时间上的自由，儿童在操作教具的方法、规则上没有自由。它要求儿童按照固定的方法和步骤操作教具，不能随意改变，并需不断重复练习。这有利于培养儿童的秩序观念，却不利于创造力的发展。另外，蒙台梭利还反对儿童游戏，特别反对想象游戏，其绘画教育也是一种无想象力的对外界事物的临摹。这些忽视甚至反对培养儿童想象力的做法同样影响了儿童创造力的发展。过于强调安静的环境，要求儿童工作时专注，不被打扰，自己操作，所有工作都必须按照教师示范的步骤进行，要求整齐划一。儿童缺乏与同伴协商、合作的机会，甚至缺少语言的沟通，容易使儿童形成安静、独立、机械、呆板的个性品质，这都是与我们今天的时代要求不符合的。

二 拓展阅读

一位美国蒙台梭利幼儿园教师与大家分享的幼儿园日程

8:30

我们打开门，蒙台梭利教师迎接儿童的到来。

一位蒙台梭利教师站在门口迎接儿童和家长，握手，帮助儿童找到自己的杂物，引导他们脱下并放好自己的鞋子和衣服。另一位蒙台梭利教师坐在教室里的圆圈中，播放古典音乐，映入她眼帘的是一个个面带微笑的儿童在彼此握手，她还会鼓励他们去找一个圆圈并盘腿坐下。

8:50

一旦大多数蒙台梭利学生已经到齐，我们就先开始了：①一首好听的晨曲；②几个手指游戏；③查看日历和时间；④为今天选择一个"特别助手"（负责今天协助老师的儿童）来饲养Montys（Montys是我们教室里的鱼）；⑤计数教室中有多少名儿童（用法语和英语）；⑥如教具柜上添加了新的日常生活和艺术方面的活动材料，就要在线上为他们做介绍。

9:05

我通常会问我的学生们："闭上眼睛思考，想想看你们今天想开始哪些工作？"当他们想到时举手。我在线上绕走一圈，并轻轻拍打每名儿童的手（一个接一个）。这是帮助每名儿童寻找今天开始工作的一个重要的、平静的方式。当儿童独立工作时，我提供个人和小组的经验指导。蒙台梭利教学法加强了规则的应用和分类的程序，有效帮助我减少了上午会出现问题的可能性。

10:15

产生了假疲劳……在早上的这个时候，噪声水平趋于升高，通常还会有几个"流浪者"（指教室里无所事事的儿童）。这种躁动也被蒙台梭利敏锐地观察到了，她将儿童在教室里的这种状态称为"假疲劳"。

有一段时间，我曾经感到非常焦虑和不安，因为每当发生这种情况时我就觉得是我做错了，但我现在知道这是一个非常典型的蒙台梭利环境现象，要保持冷静并继续进行是很重要的，这是蒙台梭利教室的工作周期。只要我保持冷静和镇定，儿童的躁动就会慢慢消退，他们也会安静地回到自己的工作当中，直到上午11：30，当音乐信号开启，就是整理时间。

11：30

"特别助手"按下CD播放机的"播放"按钮，音乐响起！——该到儿童整理工作的时间了。柔和的音乐是一个很好的提醒儿童平静地整理工作的方式。一旦儿童整理好自己的工作，大家就坐下来进行线上活动，如玩一个快速反应的游戏，然后一个接一个地到洗手间洗手、吃午饭。在蒙台梭利幼儿园教室里吃午饭是培养儿童感恩意识和礼貌习惯的绝佳时机……这是一个多么特殊的时刻！

12：00

通常到了中午，儿童吃完饭，收拾好地板和桌子，便会把午餐袋放回柜子并取出他们的鞋子和外套。然后教师鼓励每名儿童在线上静坐读书，直到每个人都做好准备。

12：10

"特别助手"负责组织同学们一个接一个地在门口排队，那些坐得端正的同学将被优先叫到。这是一个愉快的画面！"特别助手"总感觉非常自豪！

12：15到12：45

我们通常有很愉快的30分钟户外活动时间。蒙台梭利室外环境是难以置信的：跑、跳、玩沙子、浇灌花园、吹泡泡、彼此拉马车、在幻灯片上用粉笔画画、玩单杠……30分钟总过得如此之快！

12：45

结束这一天！我们回到教室里，大家坐在垫子上，到了讲故事的时间。一位蒙台梭利教师讲故事，另一位老师站在门口留意父母，一旦父母到达，门口的教师便叫儿童来房间区域，待整理好衣着就可以准备回家了。教师打开门，确保儿童直接走到他们的父母身边。教师摇摇手和儿童快乐地告别！故事时间是一个很好的方式用来结束一天的工作，同时也让下班的时间变得平静和放松。

>>> 任务检测
RENWU JIANCE

为新来的儿童设计一项日常生活活动，帮助他们尽快熟悉新环境，并尽量安抚儿童的情绪，使其融入新集体。

项目总结

一、儿童的心理发展是通过工作实现的

"工作"是蒙台梭利对儿童的心理发展提出的又一重要概念和理论。

"工作"是人所独具的能力。人是通过工作塑造自己的。当一个人处于工作的激情中时，他就会拥有非凡的力量，并能再次体验到可以使他表现出自己个性的天赋和本能，人只有通过工作才会逐渐成长。通过一系列的教育观察和实验，蒙台梭利较为系统地提出儿童工作的内涵及价值、儿童工作与成人工作的异同、儿童工作的准则及成人对儿童"工作"应有的保障等。

二、儿童工作与成人工作的异同

蒙台梭利认为儿童的工作与成人的工作不同，儿童是为了工作而生活，而成人是为了生活而工作。两者的差异主要体现在以下几个方面。

第一，驱动力不同。具体而言，儿童的工作是受内在本能的驱使，按照儿童成长的自然法则进行，而成人的工作必须遵守社会规范和经济效益原则。

第二，目标不同。儿童的工作以自我实现与自我完善为内在目标，没有外在目标，而成人的工作追求的则是外在的目标，以团队共同目标或外在诱因为目标。

第三，创造性不同。儿童的工作是创造性、活动性和建构性的，而成人的工作是机械化、社会性和集体性的。

第四，参与主体的唯一性不同。儿童的工作以儿童为主体参与者，并且由其独立完成，不能被他人替代；成人的工作经常需要分工，可以由别人替代完成。

第五，意义和作用不同。儿童的工作是适应环境，以环境为媒介充实自我、形成自我并塑造自我的过程，而成人的工作是运用自身的智力并通过努力改造环境的过程。

第六，形式和速率不同。儿童的工作按照自己的方式、速度进行；成人的工作不能拖延，讲求效率并充满竞争。

虽然儿童工作在以上方面与成人工作有很大的差异，但两者均是人开展和实施的活动，所以其属类是一致的。

三、成人对儿童工作应有的保障

在儿童开展工作的过程中，成人不是旁观者。为了充分发挥工作对儿童个性发展等方面的促进作用，成人应积极主动地为儿童顺利开展工作做出一定的准备和提供保障。

蒙台梭利提出，儿童的工作必须由他自己独立完成，成人不能因为自己的主观想法或意愿贸然让儿童停止工作，或打断儿童工作。成人应为儿童的自由工作创设较为轻松的心理氛围，给予充分的自由。成人的突然参与会让儿童丧失与周围环境的一些联系，妨碍儿童的正常工作。成人总是以保护者自居，干扰儿童对周围环境的探索。蒙台梭利提出，成人必须审视自己，找出那些使儿童感到压抑的错误方法，吸取教训，并对儿童的工作采取全新的态度。

蒙台梭利提倡为儿童提供适合他们的"真实"的工作环境，让儿童的工作建立在真实的生活基础上。如穿衣服，要为儿童提供适合其大小的衣服，而不是给玩具娃娃穿的衣服。

在儿童开展工作的时候，成人不能是冷漠的旁观者，而是需要对儿童的工作进行细致的观察，认真追寻儿童成长的轨迹。当儿童在工作中不了解教具的基本操作，不懂得如何开展相应工作，或者需要更多操作材料时，为了更好地发挥蒙台梭利教具和环境的教育功能，需要教师等成人引导儿童选择一种与自身心理发展水平相适应的工作，并将

该工作示范给儿童或为其补充操作材料等。当儿童掌握了工作的基本方法并进入继续工作的状态时，教师等成人应由示范转为引导，进而成为观察者，让儿童自己独立操作教具。

问题解析

问题一

小博刚入班时3岁多一点。他聪明伶俐，但没有学会用正确的姿势握笔画画。一般初入班的孩子都侧重于生活区与感官区的各项工作，而小博一开始就在各个区内选择工作。既然如此，我们老师也只能随机应变地按他选择的工作予以适当引导。比如，他选择立方珠架的工作，老师就引导他点数或利用彩色串珠块进行数的概念的建构。在大概一个月的时间内，他受班级浓厚的绘画氛围的影响，开始频繁地选择铁制嵌板工作，利用铁制嵌板画几何图形，可是他连笔都握不好更别说画线了。圆被他画成了不规则的多边形，三角形被他画成四边形，长方形不仅线歪了而且口合不上。尽管如此，他仍然锲而不舍地选择，每天的大部分工作时间都在画画。他画的作品往往是各种乱七八糟的线缠绕在一起的"一团乱麻"。

即使这样，老师也没有责备他"浪费时间"，更没有阻止他看似做无用功的绘画。我们相信他是受到一种发自内在的生命冲动的支配，而将全部注意力集中于这项工作。老师耐心地等待他的自然发展。渐渐地我们发现小博在进步，大概一个月后他的圆就能画得非常好了。于是他用圆组成连环并涂色。又过了一段时间，他会画规范的三角形了，之后他又会画长方形了……当会画图形后，他反而放弃利用铁制嵌板来画，而是将整张纸涂满各种颜色，并且在涂色的过程中，他对颜色的组合及颜色的厚薄、层次把握得越来越好。

分析： 这就是儿童的自我教育与独立发展，在整个过程中，教师一直以观察者的视角观察儿童自然生命的发展。教师没有干预甚至没有给予积极指导，因为教师相信儿童自我发展与自我完善的能力。

问题二

有一次，丁丁选择了彩色圆柱体的工作。他又像往常一样将四组彩色圆柱体都放到工作毯上，乱摆了一会儿就要收工作。我那天的引导计划是利用数棒做10以内的加法题，既然如此，我们何不将准备好的题卡拿来引导他用彩色圆柱体计算呢？如果他发现彩色圆柱体的又一项工作方法一定会兴趣大发并继续工作的。于是我不动声色地将题卡拿来，在他收到只剩黄色圆柱体和绿色圆柱体时轻轻走到他旁边，坐下问："老师可以和你一起工作吗？"他答应了。接着我拿出题卡选择一道题放在工作毯的左侧并开始工作，在整个计算过程中，丁丁一直好奇地看着我的表演，最后他的眼中发出炽热的光芒："老师，我也要做。"那天上午，他坚持了将近40分钟，计算完了15道题，而且是自己完成的。

> 分析：一个不到 5 岁的孩子能坚持这么长时间做计算，这多么不可思议啊！然而，平日喜欢游荡看别人工作的丁丁做到了。这一切都要归功于教师的观察、研究与恰当的引导。

项目思考

（1）一名合格的蒙台梭利教师应该是什么样的？

（2）为儿童创设有准备的环境需要注意哪些问题？

行业楷模

设身处地地为幼儿的安全着想——教师何梅

2020 年 7 月 2 日 11 时 11 分，贵州省毕节市赫章县发生地震，该县城关镇中心幼儿园教师何梅和同事不顾个人安危，冲进教室，采取先避后撤措施，在 17 秒内让 32 个孩子安全撤离教室，1 分钟内完成全部躲避和撤离，确保孩子们在大灾面前安然无恙。

长期以来，何梅热爱教育教学工作，关心爱护学生，努力钻研教育教学业务。同年 9 月 10 日，何梅被评选为 2020 年全国教书育人楷模。

把安全教育筑牢在平时

赫章县位于贵州省西北部乌江北源六冲河和南源三岔河上游滇东高原向黔中山地丘陵过渡的乌蒙山区倾斜地带。

此次赫章县地震达 4.5 级。由于幼儿园一直注重幼儿的安全教育，因而地震发生时，绝大多数孩子都在老师的组织下镇定地躲到桌子下避险，共同铸就了 51 秒、24 名幼儿园老师、176 个孩子安全撤离避险的奇迹。

何梅说，与安全教育"任务式"思维不同的是，赫章县城关镇中心幼儿园设身处地地为幼儿的安全着想。从 2012 年转岗到幼儿园，她一直在抓孩子们的安全教育，通过自编故事、绘本故事、自编儿歌和情境教学等孩子们喜闻乐见的方式，对孩子们进行交通安全教育、防溺水教育、防性侵害教育、防拐防骗、防走失、防地震灾害、防火防电等各类安全教育共计 240 课时，各类逃生演练 30 余次。

成功转换为幼儿教师

因为在中师、大专（函授）时学的是英语专业，而本科（自考）学的是汉语言文学教育专业，何梅对学前教育的认识和理解可以说是零。为尽快适应工作，何梅在工作中边观察、边思考、边记录，撰写的个人笔记就有 3 大本。

为了让孩子们适应小学一年级的学习与生活，何梅积极探索幼小衔接的有效办法。她带领孩子们参观小学校园，让他们提前感受小学的校园氛围；提出在幼儿园大班春季学期开始组织亲子绘本阅读 100 天活动，培养孩子们的阅读能力等。

何梅认为，教师这个职业是在用爱感染和驱动人，没有爱就没有足够的教育力量。她愿意用加倍的努力把知识的营养转化为爱的力量，播种在孩子们身上。如果"凡事不厌"是褒义词，她愿意用一生的努力去践行。

项目二
蒙台梭利日常生活教育活动

　　日常生活教育就是为儿童提供真实的环境，让儿童通过对生活中常见、常用事物的理解和学习以及掌握日常生活教育教具的基本操作等，培养良好习惯，使儿童学会照顾他人、与人沟通，并掌握各种日常生活的实用技能。日常生活教育是儿童入园后的基础教育，其主要目的是为儿童以后的生活做准备。

　　蒙台梭利发现，儿童在0~6岁阶段对日常生活中的各种事物及环境非常感兴趣，喜欢模仿成人在日常生活中的行为，如拧开瓶盖、扫地、倒水、炒菜等。儿童的这些模仿工作，强化了儿童的专注、遵守秩序等品质，不仅锻炼了手眼协调能力，而且为后续儿童进行的感官、数学、语言和科学文化等工作积累经验。由此，蒙台梭利将成人往往忽视的对儿童的日常生活教育纳入蒙台梭利教育体系之中，将日常生活教育作为蒙台梭利教育的起点和重要内容予以关注，并逐步形成和发展为富有特色的日常生活教育体系。

　　日常生活教育也被称为日常生活练习，是根据人类成长发展的自然规律，在一定的地理环境和社会文化环境中，让儿童通过反复不断地做"与日常生活息息相关"的动作练习，帮助儿童锻炼大、小肌肉的运动能力，掌握基本的社会文明礼貌等生活技能和方式，使儿童学会照顾他人的实践教育活动。

> **项目情境**
>
> 　　花花幼儿园的小朋友们很喜欢这个新环境，但这些儿童来自不同的家庭，每名儿童的生活习惯也各不相同。如何让他们在短时间内尽快掌握基本的日常生活技能，能够学会自理，并与周围的环境和谐相处？

项目目标

知识目标

了解蒙台梭利日常生活教育的含义、目的及意义。

掌握蒙台梭利日常生活教育的主要内容。

技能目标

学会并掌握经典的蒙台梭利日常生活教育教具的操作。

能结合儿童身心发展需求进行蒙台梭利日常生活教育教具的自制或创制。

素质目标

能够将蒙台梭利的教育理念融入日常生活中。

了解蒙台梭利日常生活教育的中国化历程。

任务一 基础训练

胎儿自母体内就有活动的欲望,而当婴儿从母体娩出后,更是以手、脚等活动逐步探索其生活的环境,在活动中认识自我、适应环境。虽然成人进行爬、走、跑、跳、骑车等动作时非常娴熟连贯,但是对于儿童而言,这些动作并非单一操作就能完成的,而是需要一系列的动作配合及反复练习。蒙台梭利日常生活教育中的基本动作就是为儿童的肌肉运动、平衡动作等的练习创设条件,为儿童独立成长奠定基础。对儿童而言,基本动作主要包括爬、走、站、坐、跑、跳等大肌肉动作,以及拿、捏、缝等精细的小肌肉动作。

任务准备 RENWU ZHUNBEI

一、材料准备

蒙氏线、大小合适的运动鞋、托盘1个、相同的碗2只、豆子、2个玻璃杯、大米、小托盘1个、切切组合、二指捏木钮、螺母和螺钉等。应根据不同活动内容的要求,准备相应的材料。

二、认识教具

蒙氏线:在蒙台梭利教室中,蒙氏线表现为地板上画的或粘的一个圆、半圆、正方形、长方形等。孩子们听着舒缓的音乐走线,通过有节奏的步伐、和谐的气氛和放松的心情,很自然地由自由活动过渡到集体活动。线上活动方式多样,如走折线、手持小椅子走线等,如图 2-1 所示。

切切组合:蔬菜(水果)积木、模型刀具、木质托盘,如图 2-2 所示。

图 2-1　蒙氏线　　　　　　　图 2-2　切切组合

二指捏木钮，如图 2-3 所示。
螺母和螺钉，如图 2-4 所示。

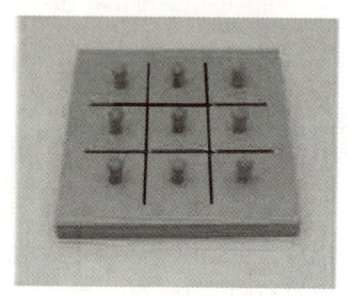

图 2-3　二指捏木钮　　　　　图 2-4　螺母和螺钉

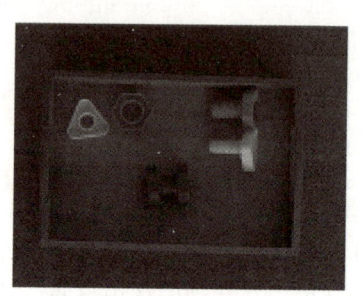

任务演示

一、蒙氏线

蒙氏线活动的操作步骤及相关说明见表 2-1。

表 2-1　蒙氏线

操作步骤	步骤说明
操作 1	教师介绍活动，并在线上做步行示范
教师说	请仔细看老师走路
操作 2	引导儿童将脚踩在线上，身体直立，眼睛直视前方
教师说	现在请像老师一样在线上走，好吗
操作 3	慢慢将一只脚放在另一只脚的前方，后脚脚尖接着前脚脚跟，顺着线走，双脚交替前进
注意	儿童前后两人之间的距离应适中，为免太近相互干扰，可让后者稍稍放慢速度等候再前进
操作 4	稳住重心一步一步走
操作 5	跟随音乐节奏沿线前进，当音乐停止或教师说停止时，再停下
错误纠正	双手自然下垂，脚尖应朝正前方迈出，不能向内或向外迈

二、大把抓

大把抓活动的操作步骤及相关说明见表2-2。

表2-2　大把抓

操作步骤	步骤说明
操作1	教师展示，让儿童看清碗里的东西
操作2	教师坐在儿童右手边，先伸出右手，手臂伸直，右手腕立起，慢慢示范右手五指伸直、五指紧握拳的动作；然后面向儿童，做三下五指抓的动作
教师说	五指抓
操作3	左手缓慢接近有豆子等物品的碗，拇指和四指分开，五指紧贴碗壁将其扶稳，再伸出右手，五指呈抓状并伸进碗中，把豆子抓起
操作4	右手移到空碗的正上方后松开，等豆子落入碗中后继续进行，直到抓完另一只碗里的豆子
操作5	换另一只手做同样的动作
操作6	双手五指紧贴碗壁拿起空的碗，竖立起碗面，表示豆子已经抓完
操作7	如果有豆子掉到托盘上，在操作结束后，教师应该用右手拇指、食指和中指将豆子拿起来，放回碗中
错误纠正	抓起掉落在托盘上的豆子

三、用玻璃杯倒米

用玻璃杯倒米活动的操作步骤及相关说明见表2-3。

表2-3　用玻璃杯倒米

操作步骤	步骤说明
操作1	指导儿童如何用手抓住盛有米的杯子，将米倒入另一个空杯中
操作2	当装满米的杯子倒空后，重复上述操作
操作3	当有米洒落到托盘上时，示范如何用拇指、食指和中指将米捡到杯中
注意	动作要缓慢且精准
错误纠正	如果米掉落在托盘上，应用正确的姿势将米捡起放入杯中

四、切切组合

切切组合活动的操作步骤及相关说明见表2-4。

表2-4　切切组合

操作步骤	步骤说明
操作1	用右手拿住刀柄，将刀拿到菜板上，提醒儿童刀刃要远离身体
操作2	用左手将蔬菜棒放在菜板上，用右手拿住刀子做切割动作，切开蔬菜
操作3	用夸张的动作让儿童看清楚每一个动作细节，包括指头是如何配合拿住蔬菜且不会被刀割到
操作4	用一整只手把切好的蔬菜抓起，放入空碗中
操作5	把小刀和菜板小心地放到托盘上，归到水池边
注意	在切菜的时候，小刀的刀刃应该远离身体，避免受伤

五、二指捏木钮

二指捏木钮活动的操作步骤及相关说明见表2-5。

表2-5　二指捏木钮

操作步骤	步骤说明
操作1	教师坐在儿童右手边，先伸出右手，手臂伸直，右手腕立起，拇指紧贴食指，其他三指并拢，慢慢示范拇指和食指伸直、其余三指握住的动作；然后面向儿童，做三下二指捏的动作
教师说	这个动作的名字叫"二指捏"
操作2	左手缓慢按住教具左端，再伸出右手，拇指和食指呈捏状，按照从上到下、从左到右的顺序，依次用二指捏出木钮
操作3	右手移到教具右边，当木钮挨住工作毯面时，轻轻松开拇指和食指，等木钮放好后继续进行，直到用二指捏完木钮
操作4	左手扶住二指捏木板，右手手指伸平，在二指捏木板板面进行抚平
操作5	再用同样的方式把工作毯上的9颗木钮捏回木板
注意	若木钮掉落，教师要示范拇指和食指以二指捏的方式——捡起木钮，放回二指捏板中
错误纠正	大拇指与食指呈现张开、收拢等抓的动作，木钮未捏住或木钮在捏取过程中有掉落等

六、拧螺母和螺钉

拧螺母和螺钉活动的操作步骤及相关说明见表2-6。

表2-6　拧螺母和螺钉

操作步骤	步骤说明
操作1	用托盘拿取拧螺母和螺钉的工作教具，将其平放在指定的工作毯上，教师坐在儿童右手边
操作2	从托盘里取出一组螺母和螺钉（螺母已经被拧在螺钉上），放在桌子上
操作3	示范如何用左手拿螺钉，右手拿螺母
操作4	把螺母按逆时针方向从螺钉上拧下来，手腕动作要明显
教师说	这个动作叫作"拧"
操作5	把拧下来的螺母和螺钉按照上下顺序对应放好
操作6	重复练习，直到将所有的螺母都从螺钉上拧下来
操作7	用左手拿螺钉，右手拿螺母，按顺时针方向把螺母拧到螺钉上去
操作8	重复练习，直到把所有的螺母都被拧到螺钉上去，放回托盘里
注意	应选用适合儿童大小的且材质安全的螺钉和螺母
错误纠正	一颗螺钉上只有一个螺母

RENWU JIEXI 任务解析

一、解析蒙氏线

1. 教育目的

（1）直接目的。

①发展儿童肢体活动的平衡能力与身体的协调能力。

②学习正确的走路姿势。

（2）间接目的：培养儿童的专注力与独立性。

2. 适用年龄

3岁以上。

3. 兴趣点

随着音乐沿线步行。

4. 注意事项

观察儿童在走线过程中的兴趣所在，注意儿童走线的姿势及动作的协调性。

二、解析大把抓

1. 教育目的

（1）直接目的：训练儿童五指抓的动作及手眼的协调能力。

（2）间接目的。

①发展儿童手眼的协调能力。

②发展儿童的专注力。

③用整只手传递物品，锻炼儿童的手部肌肉。

2. 适用年龄

2.5岁以上。

3. 兴趣点

五指张开、收拢的动作及豆子掉落的声音。

4. 注意事项

若豆子掉落，教师要示范用拇指、食指和中指将豆子一粒一粒捡起放入碗中。

三、解析用玻璃杯倒米

1. 教育目的

（1）直接目的：锻炼儿童的手眼协调能力，增强专注力，让儿童学会如何使用整只手。

（2）间接目的：通过独立完成整个工作，树立儿童的自信心。

2. 适用年龄

2.5岁以上。

3. 兴趣点

收拢的动作及米掉落的声音。

4. 注意事项

若米掉落，教师要示范用拇指、食指和中指将米一粒一粒捡起放入玻璃杯中。

四、解析切切组合

1. 教育目的

（1）直接目的：发展儿童的手眼协调能力和肌肉力量。

（2）间接目的：发展儿童的自我秩序感和自信心，提高其对秩序的感知，促进其专注力和协调能力的发展。

2. 适用年龄

2.5 岁以上。

3. 兴趣点

体验亲自动手切割的乐趣以及成功模仿成人的成就感。

4. 注意事项

教会儿童在完成操作的同时保护自己的双手。

五、解析二指捏木钮

1. 教育目的

（1）直接目的：让儿童练习拇指与食指协调的小肌肉动作，训练手指的活动能力，增强其灵活性和精准性。

（2）间接目的：培养儿童的专注力，促进儿童对应意识的形成，为握笔做准备。

2. 适用年龄

2.5 岁以上。

3. 兴趣点

二指张开、收拢的动作。

4. 注意事项

若木钮掉落，教师要示范用拇指和食指以二指捏的方式——捡起木钮，放回二指捏板中。

六、解析拧螺母和螺钉

1. 教育目的

（1）直接目的：发展儿童手眼协调的能力，锻炼手腕的灵活性，学会用手腕的动作拧螺母和螺钉。

（2）间接目的：培养儿童的独立性和专注力，增强其对手部肌肉的控制能力，提高其秩序意识和逻辑思维能力。

2. 适用年龄

2.5 岁以上。

3. 兴趣点

通过手腕转动控制螺母和螺钉。

4. 注意事项

应选用适合儿童大小的且材质安全的螺母和螺钉。

>>> 知识总结

一、蒙台梭利日常生活教育的方法

在蒙台梭利日常生活教育活动的实施过程中，教师需要提前清点教具，发现损坏或不完整的要进行更换；要全程适时与儿童进行目光交流，示范动作要做到精准慢速，语言要温柔谦和；要随时观察儿童的面部表情及反应。具体而言，操作日常生活教育教具需要遵循以下具体方法。

（1）目标明确。操作日常生活教育教具时，每次只演示一种教具的操作，明确每次工作的目的。

（2）动作分解要细化。根据儿童的理解程度和节奏，将连贯性的工作进行动作分解。在拆分动作的过程中，要放慢速度，强化儿童对分解动作的理解和掌握。

（3）语言应准确而简练。教师要在操作过程中用简单明了、清晰易懂且准确无误的语言进行说明。

（4）按逻辑顺序进行操作。教师在操作展示日常生活教育教具时需要按照从易到难、从简到繁、从具体到抽象、从上到下、从左到右的逻辑顺序进行操作。

（5）呈现方位得当。为避免儿童观摩时出现镜面教学效果，教师在教具呈现时需要坐在儿童的右侧，方便儿童进行同方位教具操作的观摩和体验。

（6）及时观察儿童需求。教师在操作教具时，需要随时注意观察儿童的面部表情及反应，仔细观察、了解儿童对所呈现的教具操作的兴趣点所在，观察儿童操作教具的能力及需求，并注意在不打扰儿童工作的情况下随时进行观察记录。

（7）在恰当时机给予指导。教师在观察儿童的反应时，需要时刻明确自身应选择合适的时机引导儿童进行教具的操作，当儿童可以胜任该项工作后，教师需要离开，不干扰儿童的正常工作。而当儿童在操作过程中遇到困难或问题时，则需要教师立刻给予适当的帮助。

（8）不干扰。当儿童进行操作时，教师需要为儿童创设相对安静的环境，以避免干扰儿童的操作。

（9）教具准备完整、充分。在教具操作前和操作完成后，教师都需要对教具是否完整、是否缺损进行核查，以保证本次和下次工作的顺利进行。

（10）范围明确。教师在工作毯或桌子上进行操作时，需要明确日常生活工作的范围，并且在工作毯或桌子的选择上尽量保持一致。

（11）适当激励。在儿童操作过程中教师尽量通过语言或者眼神等方式鼓励儿童进行反复操作，以巩固练习成果。比如，通过语言提示："你在某项工作中动作非常标准，再尝试一次吧！"

蒙台梭利教具操作有错误订正环节，所以即使儿童操作错误也不要责备他们，要鼓励他们自己修正错误。

二、蒙台梭利日常生活教育的原则

蒙台梭利日常生活教育的原则主要包括日常生活教育活动方案制定、教具准备、场地选择等方面的原则。

1. 日常生活教育活动方案的制定原则

（1）遵循促进儿童发展的原则。蒙台梭利日常生活教育活动方案在设计与制定过程中目标要明确，以符合儿童自身发展规律为日常生活教育目标提出的要求，以有助于儿童成长和发展为出发点和落脚点，这样才能反映出蒙台梭利日常生活教育的真谛。

（2）遵循符合儿童生活需要的原则。日常生活教育活动方案在内容、主题及操作设计等方面都应源自儿童的日常生活，应使儿童具有亲切感，且操作较为简单、教学目标相对单一，这样才既能达到吸引儿童主动参与，又能促进儿童日常生活基本技能发展的目的。

（3）遵循兼顾儿童性别特点的原则。在日常生活教育活动方案的内容及操作设计等方面，要兼顾儿童的性别特点及发展情况。

（4）遵循具有可操作性的原则。在活动方案设计方面还需要综合考虑儿童、教师、教具、场地、时间等是否符合条件和要求，是否具有可操作性。在操作难度方面遵循从简单到复杂、从具体到抽象，易于儿童操作，防止其出现挫败感等原则。

总之，在日常生活教育活动方案设计时要全面考虑，合理安排，明确设置符合儿童身心发展的、适合儿童需求的活动方案。

2. 教具准备的原则

一般而言，蒙台梭利日常生活教育活动开始前，蒙台梭利教师在教具准备时，不仅可以选取经典的蒙台梭利日常生活教育教具或其他相关领域教具，还可以根据儿童发展需要，进行日常生活教育教具的自创设计、制作等。教具准备需要遵循以下原则。

（1）常见、可用的原则。教具必须是儿童日常生活中常见的、真实的、可用的物品。

（2）符合儿童需要的原则。教具的大小、重量、高度等都应符合儿童的身心发展需要。

（3）安全性原则。在日常生活教育教具的准备方面，需注意其对儿童而言操作是否安全，尽量采用不易破碎、形状简单的物品。

（4）具有强烈吸引力的原则。为了激发儿童拿取日常生活教育教具练习的欲望，在日常生活教育教具颜色、形状、材料的选取上，教师需站在儿童的视角用心选择。

（5）卫生、易整理的原则。在日常生活教育教具的选取方面，要注意选择干净的、易清洗、易整理的物品，从而引导儿童养成及时整理的好习惯。

（6）数量限制原则。准备教具并非将日常生活教育教具全部摆出，每种教具的数量也并非越多越好，一次性投放过多教具会影响儿童对工作的选择。教师应尊重儿童的意愿，但为了抑制儿童无秩序的任性行为，教师在日常生活教育教具投放时，要有目的地根据儿童的发展需求，连续投放其已经会操作的、现在正感兴趣的以及未来可能感兴趣的教具，每项练习最多可用3~4组教具，且尽量在材质、形状、颜色等方面有所区别。

（7）兼顾民族性、地方性和时代性的原则。因为日常生活教育体现的是地域性日常生活的基本操作，所以教师可在教具准备过程中，根据地域特色和文化特点融入本民族或地区的日常生活器具。比如，经典的蒙台梭利日常生活教育教具中没有"筷子夹"的工作，而在蒙台梭利教育中国化的实践中，教师将儿童常见的筷子作为教具，纳入日常生活基本练习，就体现出了民族和地域特色。

3. 场地选择的原则

教师完成蒙台梭利日常生活教育活动方案设计和教具准备后，就需要进行日常生活教育活动的组织和实施场地的选择，即在哪里进行活动和工作，是选择在活动室、盥洗室、寝室、阳台，还是在室外、园外等。这需要教师在开始进行日常生活教育活动前仔细斟酌，综合考虑日常生活教育活动的目标、活动的内容，儿童的数量、性别以及场地大小等方面的情况。

当然，教师决定的活动场地是相对宽泛的活动范围，儿童仍可决定自己实际工作或活动的具体地点。

任务探索

二、三指抓

（一）探索活动：三指抓

三指抓活动的操作步骤及相关说明见表2-7。

表2-7 三指抓

操作步骤	步骤说明
教具准备	托盘、弹力球、装弹力球的碗、空碗
操作1	介绍工作，取教具
操作2	双手从盘中拿碗，先取用盛有弹力球的碗，放在左侧，空碗放在右侧
教师说	注意看我的手
操作3	张开右手拇指、食指和中指，合力抓住一个弹力球，平移到右侧的空碗上方，轻轻放入
操作4	反复操作，直到将全部弹力球移入右侧碗中
教师说	现在，我们换一只手
操作5	用左手从右侧碗中抓弹力球，平移到左侧碗上方
操作6	重复操作，直到将所有弹力球放入左侧碗
操作7	收回教具
错误纠正	三指协调发力，每次只能抓一个弹力球

（二）活动分析

根据"三指抓"活动的操作过程，分析该活动的适用年龄、教育目的、兴趣点以及延伸操作，并填写活动分析表，如表2-8所示。

表2-8 活动分析表

考核项目	分析结果	评分
适用年龄		
教育目的		
兴趣点		
延伸操作		
总分		

二、用勺子舀豆

（一）探索活动：用勺子舀豆

用勺子舀豆活动的操作步骤及相关说明见表2-9。

表2-9 用勺子舀豆

操作步骤	步骤说明
教具准备	2只相同的碗（1只盛满豆子，1只空着）、1个大汤勺、1个托盘
操作1	介绍工作，取教具
操作2	用右手的拇指、食指和中指拿起勺子

续表

操作步骤	步骤说明
操作 3	将勺子放入盛满豆子的碗中,舀一勺豆子。慢慢地将盛满豆子的勺子平移到空碗中,把豆子倒入空碗
操作 4	反复操作,直到全部豆子被舀入空碗中
教师说	现在,我们换一只手
操作 5	用左手拿勺子从盛满豆子的碗中舀豆子,平移到第一只碗上方,倒入
操作 6	重复操作,直到将所有豆子放入第一只碗
操作 7	收回教具
注意	①如果中途豆子掉落,则中止动作,把豆子放入碗中; ②舀到后面越来越难,这时可用手扶住碗使其微微倾斜
错误纠正	豆子掉落在托盘或工作毯上

(二)活动分析

根据"用勺子舀豆"活动的操作过程,分析该活动的适用年龄、教育目的、兴趣点以及延伸操作,并填写活动分析表,如表 2-10 所示。

表 2-10 活动分析表

考核项目	分析结果	评分
适用年龄		
教育目的		
兴趣点		
延伸操作		
总分		

三、穿珠子

(一)探索活动:穿珠子

穿珠子活动的操作步骤及相关说明见表 2-11。

表 2-11 穿珠子

操作步骤	步骤说明
教具准备	长线、各种木珠、工作毯
操作 1	请儿童帮忙取工作毯并铺好
操作 2	把穿珠子的材料放到工作毯上,并一一展示介绍
教师说	今天我们的游戏是穿珠子
操作 3	左手拿起一颗珠子,将珠子的孔展示在儿童面前,右手拿住线的一端,留出约 2 厘米,从珠子的孔中央穿过
操作 4	当穿过珠子的线露出约 2 厘米时,把线拉过去,再将珠子整理到线的底端
教师说	挑选几颗你喜欢的珠子,也像我一样,把它们穿在一块儿
操作 5	展示穿在一起的珠子
操作 6	将穿好的珠子一粒粒拆下,放入盘中,线捋顺放入托盘,收回教具

（二）活动分析

根据"穿珠子"活动的操作过程，分析该活动的适用年龄、教育目的、兴趣点以及延伸操作，并填写活动分析表，如表2-12所示。

表2-12　活动分析表

考核项目	分析结果	评分
适用年龄		
教育目的		
兴趣点		
延伸操作		
总分		

四、挤海绵

（一）探索活动：挤海绵

挤海绵活动的操作步骤及相关说明见表2-13。

表2-13　挤海绵

操作步骤	步骤说明
教具准备	托盘、2只相同的碗、1块吸水海绵、围裙
操作1	介绍工作名称，并邀请一名儿童上前
教师说	有没有哪位小朋友想来尝试一下
操作2	给儿童系上围裙，将托盘放在工作桌上，旁边放把小椅子
操作3	取一块海绵，放入盛有水的碗中，使海绵完全浸湿
操作4	取出海绵，移动到另一只空碗的上方，用手攥紧海绵，用力将水挤出
操作5	用相同的方式多进行几次，直到第一只碗中没有水为止

（二）活动分析

根据"挤海绵"活动的操作过程，分析该活动的适用年龄、教育目的、兴趣点以及延伸操作，并填写活动分析表，如表2-14所示。

表2-14　活动分析表

考核项目	分析结果	评分
适用年龄		
教育目的		
兴趣点		
延伸操作		
总分		

> **拓展阅读**

蒙台梭利日常生活教育的意义和价值

蒙台梭利发现，儿童在0~6岁阶段对日常生活中的各种事物及环境非常感兴趣，喜欢模仿成人在日常生活中的行为，如拧开瓶盖、扫地、倒水、炒菜等。这些模仿工作强化了儿童的专注力和遵守秩序的意识，不仅锻炼了他们的手眼协调能力，而且也为其后续进行的感官、数学、语言和科学文化等工作积累了经验。由此，蒙台梭利将成人往往忽视的对儿童的日常生活教育纳入蒙台梭利教育体系之中，将日常生活教育作为蒙台梭利教育的起点和重要内容予以关注，并逐步形成和发展为富有特色的日常生活教育体系。

日常生活教育也被称为日常生活练习，是根据人类成长发展的自然规律，在一定的地理环境和社会文化环境中，让儿童通过反复地做"与日常生活息息相关"的动作练习，帮助儿童学会如何使用大、小肌肉等，掌握基本的社会生活技能和方式，让儿童学会照顾他人的实践教育活动。

1. 蒙台梭利日常生活教育有助于人类文化的传承和发展

儿童是人类文化的重要传承者。处于成长发育特定阶段的儿童能在一定时期内积极主动地习得不同时代、不同国家或民族及环境中的文化。比如，中国儿童从小就看家人在吃饭时使用筷子，虽然1~2岁时做不到拿筷子夹东西，但他们还是希望能掌握这一本领。拿筷子吃饭虽然是小事，但是其内涵却是中华文化的传承。蒙台梭利日常生活教育为人类文化的积淀和传承创设了适宜的土壤和环境，以此促进不同时期、不同国家和地区、不同民族的文化能通过儿童得到继承和发展。

2. 蒙台梭利日常生活教育有助于合格公民的培养

在蒙台梭利的教育机构——"儿童之家"中，日常生活教育为儿童创设了像家一样的日常生活的真实情景和工作材料。儿童通过观摩蒙台梭利教师对真实的日常生活教育教具的操作以及自身的反复练习，不断对自身进行自我调整，掌握积极主动适应环境的生存能力，不断建构和充实自身的生活秩序，寻求内在人格的完整和平衡。此外，在进行日常生活工作的操作过程中，儿童还会潜移默化地习得古今中外的文化。同时，蒙台梭利日常生活教育通过创设不同时代的不同文化环境，促进儿童与社会环境的相互交融，使其能适应不同的社会环境，并在社会环境中积极创造，激发进展型人格的形成，使儿童能在长大成人之后发挥其创造新文化以及高层次文化的潜能。在日常生活教育教具操作的过程中，儿童努力学会独立地从事相应的生活工作，并成长为自立、自信、自尊、自爱的人，体验自我成长的快乐。在照顾环境和他人的过程中，儿童的责任感与日俱增，为日后成为合格公民培养基本的素质和能力。

3. 蒙台梭利日常生活教育有助于儿童的身心成长与发展

蒙台梭利日常生活教育对儿童而言，不仅可以满足其内在的发展需求，锻炼运动协调能力，还能促进个体独立性、秩序感、专注力、意志力、自信心、责任感、荣誉感以及对物体认知能力的发展。

第一，日常生活教育能促进儿童个体专注力的发展。

第二，日常生活教育能增强儿童的自我感知和自我意识。

第三，日常生活教育有利于儿童秩序感的培养和规则意识的形成。

第四，日常生活教育有利于儿童精细动作的发展、手眼协调能力的形成。

能力进阶

根据对"用镊子夹球"活动的教育目的、兴趣点等内容的分析，结合三阶段教学法，编写用镊子夹球活动的操作步骤（见表2-15），并尝试创造更多的延伸操作。

1.适用年龄

2.5岁。

2.教育目的

（1）锻炼儿童的手部肌肉和夹的动作。

（2）帮助儿童加强手部动作的灵活性。

（3）让儿童熟悉从左到右的顺序。

表 2-15 用镊子夹球活动的操作步骤

活动过程	过程描述
操作步骤	
评分	

根据对"转螺丝"活动的教育目的、兴趣点等内容的分析，结合三阶段教学法，编写转螺丝活动的操作步骤（见表2-16），并尝试创造更多的延伸操作。

1.适用年龄

3岁以上。

2.教育目的

（1）让儿童学会转的动作。

（2）发展儿童的数学心智。

（3）帮助儿童学会一一对应，找出相关性。

表 2-16 转螺丝活动的操作步骤

活动过程	过程描述
操作步骤	
评分	

根据对"剥花生"活动的教育目的、兴趣点等内容的分析,结合三阶段教学法,编写剥花生活动的操作步骤(见表2-17),并尝试创造更多的延伸操作。

1. 适用年龄

2.5~4岁。

2. 教育目的

(1)学习剥花生,锻炼儿童的手部肌肉。

(2)锻炼儿童的手眼协调能力,培养儿童的独立性。

表2-17 剥花生活动的操作步骤

活动过程	过程描述
操作步骤	
评分	

任务检测

一、填写蒙台梭利教室观察记录表

1. 蒙台梭利教室观察记录表(展示工作部分)(见表2-18)

表2-18 蒙台梭利教室观察记录表(展示工作部分)

工作名称					
所属领域	日常生活				
专注性	深入程度	高		中	低
	儿童比例				
	持久程度	高		中	低
	儿童比例				
独立性	思考能力	强		中	弱
	儿童比例				
	行为能力	强		中	弱
	儿童比例				

续表

所属领域	日常生活			
参与性	积极程度	高	中	低
	儿 童			
	比 例			
	参与效果	好	中	差
	儿 童			
	比 例			

注：本项观察评价指向：教师——掌控工作展示的能力，工作展示的效果等。儿童——工作展示中的专注性、独立性和参与性；对工作材料的敏感性，最近的发展领域及其阶段等。工作材料——对儿童的吸引力，展示以及投放的适宜性等。

2. 蒙台梭利教室观察记录表（自由工作部分·教具卷）（见表2-19）

表2-19　蒙台梭利教室观察记录（自由工作部分·教具卷）

工作名称			观察记录日期	年 月 日		
所属领域			日常生活			
使用儿童		序号				
		儿童				
使用时间		长				
		中				
		短				
使用效果	与教师展示的吻合度	高				
		中				
		低				
	独立完成程度	高				
		中				
		低				
	反复操作次数	1				
		2				
		3				
		≥4				
	创造性使用情况	方法				
		广度				
		深度				
	收拾后的材料是否完整，摆放是否正确	高				
		中				
		低				
	是否正确归位	是				
		否				

注：本项观察评价指向：教具对儿童的吸引力，投放的适宜性；儿童发展的序列性；儿童对教具正确操作的掌握程度，儿童创造性操作教具的能力与效果；儿童心理与行为的发展指向；工作周期的形成性判断，工作常规的形成性判断等。

二、自由设计

根据本任务所学,帮助花花幼儿园教师小美寻找生活中可作为基础训练教具的物品,并对操作步骤进行简要描述。

剪纸条

任务二　自理之道

蒙台梭利认为,自我服务是儿童学会做人和独立的基本生存能力,是为了顺应社会要求、培养独立自主精神而学习的必要能力。其内容主要包括生活自理能力以及做好照顾自己的工作,如洗手、洗脸、刷牙、梳头发、擦汗、穿脱衣服、叠衣服、叠被子等。儿童通过自己动手操作,能满足自身探索和发展的需要,获得强烈的自豪感和成就感,培养自信心和独立自主的能力。

RENWU ZHUNBEI 任务准备

一、材料准备

手绢、卫生纸等;水壶、洗手盆、洗手液、海绵、指甲刷、毛巾或擦手纸、干抹布、水桶、儿童用的小围裙等;前襟有纽扣的儿童衬衫、镜子、挂衣架、桌子、衣饰框、工作毯等。应根据不同活动内容的要求,准备相应的材料。

二、认识教具

衣饰框为蒙台梭利日常生活教育的专用教具,种类繁多,并且新产品仍在不断地被设计、开发和使用。目前常见的衣饰框主要包括按扣、拉链、大纽扣、小纽扣、钩扣、皮带扣、安全别针、蝴蝶结、编织(X形、一形、V形)、皮靴扣等。以蝴蝶结衣饰框为例,其主体为正方形木框,左右两块布在框中央相合,用两种不同颜色的丝带连接,如图 2-5 所示。

图 2-5　蝴蝶结衣饰框

>>> 任务演示

一、蝴蝶结衣饰框

蝴蝶结衣饰框活动的操作步骤及相关说明见表2-20。

表2-20　蝴蝶结衣饰框

操作步骤	步骤说明
操作1	教师介绍活动，先进行解开操作
教师说	请仔细观察我的手部动作
操作2	从最上面开始，自上而下解蝴蝶结
操作3	两手同时抓住带子的两端向左右拉，把蝴蝶结松开
操作4	用左手的食指与中指按住两襟，用右手的食指将丝带结挑开
操作5	解开结后，把每条带子往旁边拉直
教师说	接下来是打结
操作6	把两襟合在中央，由上往下系蝴蝶结
操作7	右手把左边带子拉向右边，左手把右边带子拉向左边。左边的带子与右边的带子呈交叉状
操作8	右手把上面的带子从交叉点下方孔洞中穿过，用左手接住，然后左右拉紧
操作9	再将左边的带子距打结处4~6厘米绕个圈，用拇指和食指牢牢捏住圈的底部
操作10	将右边的带子从后面绕个圈，用右手食指把带子从孔中塞进去，又形成一个圈
操作11	两手捏住圈，同时向两边拉，使其成形
操作12	同样的方式系以下的蝴蝶结
操作13	整理布料，使其保持平整
教师说	你们也来试试吧
错误纠正	蝴蝶结系歪

二、擤鼻涕

擤鼻涕活动的操作步骤及相关说明见表2-21。

表2-21　擤鼻涕

操作步骤	步骤说明
操作1	教师介绍活动
教师说	请仔细观察我的手部动作
操作2	拿出卫生纸，把卫生纸展开，对折一次
操作3	双手拿住纸的两边，用纸掩住鼻子
操作4	手指（食指、中指）压住一边鼻孔使其闭塞，闭上嘴巴，稍用力将另一边鼻孔的鼻涕擤出
操作5	接着用同样的方法，将刚才被堵住那边鼻孔的鼻涕擤出
操作6	擤完鼻涕后，将卫生纸扔进垃圾桶内
教师说	你们也来试试吧
错误纠正	鼻涕未擦干净或鼻子周围还有残留的鼻涕

三、洗手

洗手活动的操作步骤及相关说明见表2-22。

表2-22 洗手

操作步骤	步骤说明
操作1	教师介绍活动
操作2	引导儿童到洗手区，按照使用顺序的先后，介绍洗手用具的名称，并将物品放在合适的位置
操作3	拿出水壶，然后将水壶的壶嘴沿着洗手盆边缘，缓慢地把水倒入洗手盆内直至合适的水位（提示儿童倒水至止水位线或某个图案处）
操作4	将手放入洗手盆内浸湿至手腕处，手离开水面后，在洗手盆上方停留数秒。待手指端的水滴完，再按压洗手液于手心处
教师说	按一下就可以了
操作5	手心有洗手液后，先互搓两手手心
教师说	搓搓手心
操作6	再分别互搓两手手背
教师说	搓搓手背
操作7	最后分别搓洗每一根手指头
教师说	搓搓大拇指、食指、中指、无名指、小指
操作8	将双手浸入水中，一手握成杯状，舀水从另一手的手腕处淋下，并由上而下搓洗掉泡沫，直至洗净
操作9	冲洗掉双手的泡沫后，手离开水面，待手指端的水滴完，然后小心地端起洗手盆至水桶上方，把脏水慢慢地倒入水桶内
操作10	用海绵擦净洗手盆，再从水壶中倒适量的水至洗手盆，将双手放入洗手盆内，再次冲净泡沫，手离开水面，静置至水滴滴完
教师说	我们一起看看，指甲缝里有没有脏东西呀
操作11	用指甲刷刷洗指甲缝，再将双手浸入水中搓洗
操作12	将用过的水倒入水桶中，并用海绵擦清洗手盆
操作	最后用擦手巾擦干手，将工作区域内洒的水擦干净
错误纠正	手未洗干净，工作区到处都是水

>>> 任务解析 RENWU JIEXI

一、解析蝴蝶结衣饰框

1. 教育目的

（1）直接目的：让儿童学会系蝴蝶结，发展其手眼协调能力。

（2）间接目的：培养儿童的独立性、专注力、秩序感及独立穿衣的自信心。

2. 适用年龄

2.5岁以上。

3. 兴趣点

用食指把带子推穿过绕圈的地方。

4. 注意事项

教师要在儿童惯用手的右边示范。

二、解析擤鼻涕

1. 教育目的

（1）直接目的：让儿童学会擦干净鼻子，增强其手眼协调能力。

（2）间接目的：培养儿童的独立性、专注力及照顾自己的能力，增强其自信心，助其养成良好的擤鼻涕等卫生习惯。

2. 适用年龄

2岁以上。

3. 兴趣点

一边鼻孔一次地擤鼻涕。

4. 注意事项

不同国家、民族的擤鼻涕方法可能不一样。

教会儿童擤鼻涕时不要太用力。

三、解析洗手

1. 教育目的

（1）直接目的：让儿童学会洗手，增强其小肌肉动作的协调能力。

（2）间接目的：培养儿童的独立性、专注力及生活自理能力。

2. 适用年龄

2.5岁以上。

3. 兴趣点

手在水中。

4. 注意事项

教会儿童用干抹布擦滴到洗手盆外面的水。

RENWU TANSUO
任务探索

一、按扣衣饰框

（一）探索活动：按扣衣饰框

按扣衣饰框活动的操作步骤及相关说明见表2-23。

表2-23 按扣衣饰框

操作步骤	步骤说明
教具准备	衣饰框的左右两块布在框中央合拢，用按扣连接
操作1	介绍工作，取教具
教师说	首先，我们打开扣子
操作2	用左手的食指、中指压住最上面按扣的凹部

续表

操作步骤	步骤说明
操作3	右手拇指、食指及中指捏住按扣的凸部，慢慢向上拉开按扣
操作4	一个一个拉开按扣，直到最下面一个
操作5	把两块布向两侧分开
教师说	接下来，我们把它们扣紧
操作6	把两边的布拉倒中间，合拢
操作7	从上面开始，右手拇指、食指捏住扣子凸部的边缘
操作8	左手拇指和食指按住扣子凹部的边缘
操作9	把扣子的凹部和凸部重合，右手拇指向正下方用力压
操作10	继续一个一个扣紧
错误纠正	按扣的凹部和凸部没有吻合

（二）活动分析

根据"按扣衣饰框"活动的操作过程，分析该活动的适用年龄、教育目的、兴趣点以及延伸操作，并填写活动分析表，如表2-24所示。

表2-24 活动分析表

考核项目	分析结果	评分
适用年龄		
教育目的		
兴趣点		
延伸操作		
总分		

二、拉链衣饰框

（一）探索活动：拉链衣饰框

拉链衣饰框活动的操作步骤及相关说明见表2-25。

表2-25 拉链衣饰框

操作步骤	步骤说明
教具准备	衣饰框中的左右两块布在框中央合拢，用拉链连接
操作1	介绍工作，取教具
教师说	首先，我们拉开拉链
操作2	用一只手紧紧地抓住布料的上方，用另一只手抓住拉链的拉环，缓缓地拉开一直到底；抓住拉链的底部，用手将拉环从槽中拔出
操作3	将左侧的布料向左打开，右侧的向右打开
教师说	接下来，我们拉上拉链
操作4	从左到右把布料合上
操作5	用右手食指和拇指拿起拉环，用左手的食指、中指、拇指将拉槽拿起
操作6	慢慢将拉环放入拉槽中，用右手的食指和拇指缓缓上拉，将布料合上
错误纠正	拉环没能放入拉槽中，导致拉链无法拉上

（二）活动分析

根据"拉链衣饰框"活动的操作过程，分析该活动的适用年龄、教育目的、兴趣点以及延伸操作，并填写活动分析表，如表 2-26 所示。

表 2-26 活动分析表

考核项目	分析结果	评分
适用年龄		
教育目的		
兴趣点		
延伸操作		
总分		

二、纽扣衣饰框

（一）探索活动：纽扣衣饰框

纽扣衣饰框活动的操作步骤及相关说明见表 2-27。

表 2-27 纽扣衣饰框

操作步骤	步骤说明
教具准备	衣饰框的左右两块布在框中央合拢，用纽扣连接
操作 1	介绍工作，取教具
教师说	首先，我们解开纽扣
操作 2	由上开始；左手拇指、食指抓住扣眼边的衣襟，右手捏住纽扣，把纽扣向右边下方稍微扭转压下，让它从扣眼里脱出
操作 3	左手接住穿过扣眼的纽扣，把它拉出来。以下用同样的方法把纽扣解开
教师说	接下来，我们扣纽扣
操作 4	两襟合在中央，由上方开始；右手捏住纽扣，左手捏住右襟扣眼，让扣眼和纽扣相合
操作 5	右手把纽扣穿出扣眼，用左手接住穿出的纽扣
操作 6	把纽扣稍微转一下，从扣眼里拉出来。用同样的方法一直进行到最下面为止
错误纠正	纽扣扣错了扣眼

（二）活动分析

根据"纽扣衣饰框"活动的操作过程，分析该活动的适用年龄、教育目的、兴趣点以及延伸操作，并填写活动分析表，如表 2-28 所示。

表 2-28 活动分析表

考核项目	分析结果	评分
适用年龄		
教育目的		
兴趣点		
延伸操作		
总分		

三、皮带扣衣饰框

（一）探索活动：皮带扣衣饰框

皮带扣衣饰框活动的操作步骤及相关说明见表2-29。

表2-29　皮带扣衣饰框

操作步骤	步骤说明
教具准备	衣饰框的左右两块布料在框中央合拢，用皮带扣连接
操作1	介绍工作，取教具
教师说	首先，我们解开皮带扣
操作2	从衣饰框顶端开始，左手握住扣环，右手拇指、食指抓住皮带的尖端向右推
操作3	右手拿住皮带中间部分从环扣中抽出；右手捏住皮带的尖端再向右拉，左手食指向皮带孔旁边压下，用拇指和食指捏住针并从孔里拉出来
操作4	同时使用两只手把皮带与环扣完全拉开，一直拉到最后面的皮带扣，然后把布料向左右掀开
教师说	接下来，我们合上皮带扣
操作5	从上面开始，右手拿皮带尖端，左手拿环扣，把皮带尖端伸进环扣
操作6	把穿过的皮带反手用力向右拉
操作7	用左手将针穿进带孔；左手拿着环扣，右手抓住皮带的尖端穿过环扣的左端
操作8	用同样的方法扣住所有的皮带扣
错误纠正	从头到尾检查布料是否对称

（二）活动分析

根据"皮带扣衣饰框"活动的操作过程，分析该活动的适用年龄、教育目的、兴趣点以及延伸操作，并填写活动分析表，如表2-30所示。

表2-30　活动分析表

考核项目	分析结果	评分
适用年龄		
教育目的		
兴趣点		
延伸操作		
总分		

拓展阅读

用蒙台梭利法培养孤独症儿童的自理能力

生活自理能力的训练包括教孤独症儿童如何在他们的生活环境中具备独立生活所必需的技能。在这些必须发展的技能中，最重要的是进餐、如厕、洗漱和穿衣。长期负责护理发育障碍儿童的教师和父母所经历的绝大多数压力来自需要面对这样一个现实：在正常儿童已经掌握上述技能的时候，孤独症儿童却无法做到。培养生活自理能力的活动应该融入孤独症儿童的家庭和学校的日常生活中。

用手拿着食物吃

操作过程：让儿童坐在比他高一点的椅子上，把一些你知道的他比较喜欢的固体食物放到他的面前。确保在他正观察你时，拿起一样食物放到你的嘴里。用夸张的手势语言表示这种食物非常非常好吃，并向儿童说明他也应该这样做。如果他没有模仿你，或者他把玩这些食物，那么在你用一只手把食物放到嘴里给他示范的同时，用你的另外一只手引导他的手。尽量找到他喜欢吃的固体食物，规避他始终拒绝吃的。如果食物是他比较喜欢吃的，那么完成任务就比较容易，随着他精细动作能力的增加，还可以逐渐缩小食物的体积。

用勺子吃饭

操作过程：在儿童已经学会怎样用勺子舀东西，并且可以将物品放在勺子里以后，他就可以开始自己用勺子独立吃饭了。当他学习用勺子吃饭的时候，要提供他喜欢吃的且比较容易放到勺子里的食物。引导他把食物舀到勺子里，然后轻轻地把勺子送到嘴里。在他每次吃完一勺子的食物以后，表扬他："做得好！"逐步减少你对他手的控制：首先减少你对他手施加的压力，然后把你的手放到他的手腕上，再放到他的前臂，最后完全离开他的身体。使用不同的食物重复上述过程，直到他可以自己拿着勺子吃东西，不再需要辅助。

用杯子喝水

操作过程：让儿童坐在桌子旁，你坐在他的对面。给他一个杯子，让他玩几秒钟。然后向他示范你怎样用双手拿着杯子。把他的双手放到杯子的适当位置上，平静而温柔地表扬他。缓慢地把杯子移动到你的嘴边，然后再把它放到桌子上。当他能以一种比较自然的方式拿着杯子的时候，就在杯子里倒少量的饮料。用你的手握着他的手拿起杯子，把杯子放到你自己的嘴边，对他说："孩子，看，喝。"然后，慢慢地喝一点点，喝完把杯子放到桌子上，再慢慢地把杯子举到他的嘴唇边，说："喝。"慢慢地倾斜杯子，这样他的嘴唇就能接触到少量的饮料。如果是他喜欢的饮料，他就会张开嘴，让饮料流到嘴里。喝完后慢慢地把杯子放到桌子上，把他的手从杯子上拿开，说："做得好！"随着他感觉在别人辅助下用杯子喝水比较顺畅了，就简化步骤，省略你喝水示范的过程。逐渐减少你对他手的控制：首先让他自己把杯子放到桌子上，然后是他自己拿起杯子喝水，让他练习独立地完成拿杯子喝水的整个过程。在这个活动的早期阶段，会有把水弄洒的情况，尽量不要去管他。

脱袜子

操作过程：开始的时候，使用男性的大号袜子和带盖的瓶子（如果可能，用塑料的）。明确儿童正在观察你时，你把一些奖品如花生或糖果放到瓶子里，用盖子盖好。然后把袜子松松地套在瓶子上。握着他的手帮助他拿掉袜子，然后帮助他做出感觉很惊讶的表情。多次重复上述过程，直到他不需要辅助，自己能够把袜子拿掉。当他能顺畅地拿掉袜子的时候，把相同号码的袜子松松地套在他的脚上。可以让他坐在地上，这样能够保持身体的平衡。袜子没套在脚上部分的长度要留够，这样他就能够很容易地抓住并把袜子拉下来。在他能顺畅地脱自己的袜子之前，要多次重复上述过程。当他已经习惯于脱掉大号袜子的时候，再用他自己的袜子重复上述的过程：一开始，让他把自己的袜子从瓶子上拿下来；然后把袜子穿在他的脚上，让他练习脱掉。可逐渐把袜筒提得越来越高。只在他需要的时候才给予帮助，切记不要让他有挫败感。

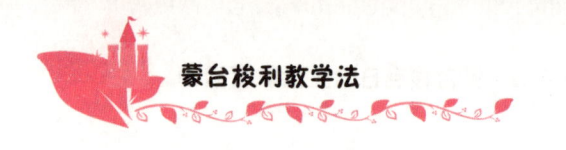

区分可以吃的和不可以吃的

操作过程：与儿童一起坐在桌子旁，把一种食品和一件不能吃的物品放到他面前的桌子上，如一块砖头和一颗糖果。说："吃。"用手示意让他吃桌子上的一件物品。如果他选择了砖头，就控制住他的手，把他的注意力吸引到砖头上，摇摇你的手，说："不吃。"然后把他的手移动到糖果上，说："吃。"立即给予表扬，并快速地把不能吃的东西从桌子上拿走，再在桌子上放另外一对物品。重复这样的过程，每一次使用不同的能吃的和不能吃的物品。随着他开始理解，可以尝试使用更多的食品搭配不同的日常生活用品（如肥皂、铅笔、花盆里的泥土等）。记住，每次当他正确地选择食品而不选择不能吃的物品时要立即给予奖励。

独立地穿衣服

操作过程：每次你帮助儿童穿衬衫或外套的时候，都完整地重复下面的过程。把他的左胳膊放到衣服的左袖子里，把衣服的右袖子搭在他右肩膀上，说："孩子，穿衣服。"引导他的右胳膊伸进袖子里后，立即给予奖励。多次重复这个简单的过程，直到他把一只胳膊伸到袖子里之后，也能把另外一只胳膊伸进正确的袖子里。只有当他不需要你的帮助，独立完成这一过程以后，你才可以进行下一步：向他演示怎样打开他的外套，把一只胳膊伸进正确的袖子里。确保你每次打开外套时都使用相同的方式。然后把一只袖子搭在他的肩膀上，让他按照上面的过程完成动作。当他已经熟练地完成这两步，能把两只袖子都穿上的时候，可以在把第二条袖子放到肩膀上之前，停顿一下，看一看他是否能自己把袖子穿上。记住每次都要说："穿上衣服。"逐渐减少你的辅助。

>>> 能力进阶
NENGLI JINJIE

根据对"叠纸巾"活动的教育目的、兴趣点等内容的分析，结合三阶段教学法，编写叠纸巾活动的操作步骤（见表2-31），并尝试创造更多的延伸操作。

1. 适用年龄

3岁以上。

2. 教育目的

（1）学习叠纸巾。

（2）培养文明用餐的习惯。

表2-31 叠纸巾活动的操作步骤

活动过程	过程描述
操作步骤	
评分	

任务检测

一、填写蒙台梭利教室观察记录表

1. 蒙台梭利教室观察记录表（展示工作部分）（见表2-32）

表2-32 蒙台梭利教室观察记录表（展示工作部分）

工作名称				
所属领域	日常生活			
专注性	深入程度	高	中	低
	儿　童			
	比　例			
	持久程度	高	中	低
	儿　童			
	比　例			
独立性	思考能力	强	中	弱
	儿　童			
	比　例			
	行为能力	强	中	弱
	儿　童			
	比　例			
参与性	积极程度	高	中	低
	儿　童			
	比　例			
	参与效果	好	中	差
	儿　童			
	比　例			

注：本项观察评价指向：教师——掌控工作展示的能力，工作展示的效果等。儿童——工作展示中的专注性、独立性和参与性，对工作材料的敏感性，最近的发展领域及其阶段等。工作材料——对儿童的吸引力，展示以及投放的适宜性等。

2. 蒙台梭利教室观察记录表（自由工作部分·教具卷）（见表2-33）

表2-33 蒙台梭利教室观察记录表（自由工作部分·教具卷）

工作名称			观察记录日期		年 月 日
所属领域			日常生活		
使用儿童	序号				
	儿童				
使用时间	长				
	中				
	短				

续表

所属领域			日常生活				
使用效果	与教师展示的吻合度	高					
		中					
		低					
	独立完成程度	高					
		中					
		低					
	反复操作次数	1					
		2					
		3					
		≥ 4					
	创造性使用情况	方法					
		广度					
		深度					
	收拾后的材料是否完整，摆放是否正确	高					
		中					
		低					
	是否正确归位	是					
		否					

注：本项观察评价指向：教具对儿童的吸引力，投放的适宜性；儿童发展的序列性；儿童对教具正确操作的掌握程度，儿童创造性操作教具的能力与效果；儿童心理与行为的发展指向；工作周期的形成性判断，工作常规的形成性判断等。

二、自由设计

根据本任务所学，帮助小美寻找生活中可作为自理训练教具的物品，并对操作步骤进行简要的描述。

任务三　照顾环境

蒙台梭利认为，儿童可以通过扫地、照顾动植物等活动，逐步了解自己与环境之间的关系，进而通过自己的努力使环境更整洁、有序，儿童自己也会变得更加独立、自信。蒙台梭利日常生活教育中照顾环境的教育内容主要包括整理、美化环境，照顾、管理动植物等，如清理工作毯、整理书架、记录气温、饲养小动物。这些工作能引导儿童主动关爱环境，让儿童在操作中感悟周围的世界及大自然，逐步培养他们保护环境的意识、兴趣和责任感；在照顾环境的同时了解、体验自然界的美妙，感受动植物生长发育的过程和规律，使儿童自觉养成爱护环境的良好习惯。

项目二　蒙台梭利日常生活教育活动

>>> 任务准备

一、材料准备

工作用的工作毯、托盘、小扫帚、小簸箕等。

二、认识教具

教具见图 2-6。

图 2-6　教具

>>> 任务演示

一、工作毯的展开和卷起

工作毯的展开和卷起活动的操作步骤及相关说明见表 2-34。

表 2-34　工作毯的展开和卷起

操作步骤	步骤说明
操作 1	教师介绍活动
教师说	我们先将工作毯展开
操作 2	搬来一张卷起的工作毯，平稳地放到地面上
操作 3	蹲在卷起的工作毯前面
操作 4	两手放在工作毯左右各 1/3 处，拇指放在工作毯的下侧，其他手指握住上面
操作 5	两手慢慢把工作毯展开
操作 6	身体后退，直到工作毯完全展开
教师说	我们现在把工作毯卷起
操作 7	双手抚平工作毯
操作 8	右手四根手指放在工作毯上面，拇指放在下面，左手同右手
操作 9	将工作毯稍稍提高弯向内侧使之卷曲
操作 10	卷起后，左右手一齐向前一边压紧一边继续卷
操作 11	仔细察看工作毯两边是否卷得整齐
错误纠正	工作毯两端不整齐，没有完全展开

二、清扫

清扫活动的操作步骤及相关说明见表2-35。

表2-35　清扫

操作步骤	步骤说明
操作1	教师介绍活动
操作2	从固定的位置拿来小扫帚、小簸箕
操作3	跪坐在托盘前面
操作4	用右手五指握住小扫帚
操作5	把拖盘上的垃圾清扫到小簸箕上，再全部倒进垃圾桶内
操作6	用小扫帚将托盘清扫到没有垃圾为止
操作7	把小扫帚、小簸箕清理好后，放回原来的位置
错误纠正	在托盘上留下垃圾、灰尘

>>> 任务解析

一、工作毯的展开和卷起

1. 教育目的

（1）直接目的：让儿童学会取放工作毯，学会工作毯的卷起和展开，锻炼手眼的协调能力。

（2）间接目的：锻炼儿童手指的协调性，增强儿童的独立性。

2. 适用年龄

2岁以上。

3. 兴趣点

工作毯的两端对齐。

4. 注意事项

若工作毯太大，儿童可两个人一起展开和收起；工作毯的材质要便于儿童展开和卷起。

二、清扫

1. 教育目的

（1）直接目的：让儿童学会清扫，锻炼手眼的协调能力。

（2）间接目的：锻炼儿童手指的协调性，增强儿童的卫生意识、独立性和责任感。

2. 适用年龄

2岁以上。

3. 兴趣点

托盘变干净了。

4. 注意事项

如果垃圾很大，可用镊子夹取。

任务探索

进餐

1. 探索活动：进餐

进餐活动的操作步骤及相关说明见表 2-36。

表 2-36　进餐

操作步骤	步骤说明
教具准备	长桌两张，椅子四把，桌布，白围裙，抹布，儿童用餐的碗、筷子、勺子等
操作 1	把已盛好饭的碗取来放在桌子上
操作 2	拿出筷子放在面前，筷子头朝向左边
操作 3	将盛着汤的碗放在饭碗的右边
操作 4	听到"开始"的指令后，用左手取筷子交到右手拿好，开始慢慢进餐
操作 5	用餐过程中可随时喝些汤，喝汤时应注意先把筷子放好
操作 6	用完餐后，将餐具送到厨房的水槽里
操作 7	擦洗桌子，清扫地面，整理环境
错误纠正	食物和汤等洒到桌子上、地面上

2. 活动分析

根据"进餐"活动的操作过程，分析该活动的适用年龄、教育目的、兴趣点以及延伸操作，并填写活动分析表，如表 2-37 所示。

表 2-37　活动分析表

考核项目	分析结果	评分
适用年龄		
教育目的		
兴趣点		
延伸操作		
总分		

能力进阶

根据对"给植物浇水"活动的教育目的、兴趣点等内容的分析，结合三阶段教学法，编写给植物浇水活动的操作步骤（见表 2-38），并尝试创造更多的延伸操作。

1. 适用年龄

2.5 岁以上。

2. 教育目的

（1）了解花草树木对水的需要，学会使用洒水壶给植物浇水，锻炼大肌肉动作的协调性。

（2）培养儿童的专注力，增强儿童的观察力、秩序感、责任感及对环境的保护能力等。

3. 兴趣点

观察水滴喷流出来的状态。

4. 注意事项

若给盆栽植物浇水时，下面要垫一个托盘或塑料布以免把周围环境弄湿。

表 2-38　给植物浇水活动的操作步骤

活动过程	过程描述
操作步骤	
评分	

任务检测

一、填写蒙台梭利教室观察记录表

1. 蒙台梭利教室观察记录表（展示工作部分）（见表 2-39）

表 2-39　蒙台梭利教室观察记录表（展示工作部分）

工作名称				
所属领域	日常生活			
专注性	深入程度	高	中	低
	儿　童			
	比　例			
	持久程度	高	中	低
	儿　童			
	比　例			
独立性	思考能力	强	中	弱
	儿　童			
	比　例			
	行为能力	强	中	弱
	儿　童			
	比　例			

续表

所属领域	日常生活			
参与性	积极程度	高	中	低
	儿　童			
	比　例			
	参与效果	好	中	差
	儿　童			
	比　例			

注：本项观察评价指向：教师——掌控工作展示的能力，工作展示的效果等。儿童——工作展示中的专注性、独立性和参与性，对工作材料的敏感性，最近的发展领域及其阶段等。工作材料——对儿童的吸引力，展示以及投放的适宜性等。

2. 蒙台梭利教室观察记录表（自由工作部分·教具卷）（见表2-40）

表2-40　蒙台梭利教室观察记录表（自由工作部分·教具卷）

工作名称			观察记录日期	年　月　日	
所属领域			日常生活		
使用儿童		序号			
		儿童			
使用时间		长			
		中			
		短			
使用效果	与教师展示的吻合度	高			
		中			
		低			
	独立完成程度	高			
		中			
		低			
	反复操作次数	1			
		2			
		3			
		≥4			
	创造性使用情况	方法			
		广度			
		深度			
	收拾后的材料是否完整，摆放是否正确	高			
		中			
		低			
	是否正确归位	是			
		否			

注：本项观察评价指向：教具对儿童的吸引力，投放的适宜性；儿童发展的序列性；儿童对教具正确操作的掌握程度，儿童创造性操作教具的能力与效果；儿童心理与行为的发展指向；工作周期的形成性判断，工作常规的形成性判断等。

二、自由设计

根据本任务所学，帮助小美寻找生活中可作为照顾环境教育教具的物品，并对操作步骤进行简要的描述。

任务四　人际互动

蒙台梭利提出，儿童的社会性行为是儿童为适应社会生活而进行的必要准备活动，在儿童的日常生活教育中具有重要地位。良好的社交礼仪可以促进儿童与他人形成良好、相互信赖的人际关系。

社交礼仪的教育内容主要包括基本的交际礼仪和具体的动作礼仪，如如何有礼貌地打招呼、问候、应答、开关门、递交物品、咳嗽、打喷嚏、在教室内取放工作毯等。

RENWU ZHUNBEI　任务准备

一、材料准备

房子的图片、椅子。

二、认识教具

颜色鲜艳的卡通房子图片，可准备多种场景、模拟多种情境供儿童练习。

RENWU YANSHI　任务演示

一、握手

握手活动的操作步骤及相关说明见表2-41。

表2-41　握手

操作步骤	步骤说明
操作1	以端正的姿势站立，挺胸收腹
操作2	慢慢靠近要握手的对象，伸出右手
操作3	握住对方的手
操作4	看着对方的眼睛，微笑

二、敲门

敲门活动的操作步骤及相关说明见表2-42。

表 2-42　敲门

操作步骤	步骤说明
操作 1	出示图片，请儿童说出是什么
教师说	怎么进入这么漂亮的房子呢
教师说	想要进入别人的房间，应该怎么办
操作 2	教师示范敲门，用手握拳，突出中指，有节奏地敲，注意力度
操作 3	教师请儿童两两练习，一名儿童扮演敲门人，另一名扮演门

三、挪动椅子

挪动椅子活动的操作步骤及相关说明见表 2-43。

表 2-43　挪动椅子

操作步骤	步骤说明
操作 1	走到椅子侧面，右手五指握住椅背，左手托住椅面前端
操作 2	轻轻提起，靠在胸前，看清楚周边的人和物，慢慢地向目标位置搬动
操作 3	到达目标位置后站定，手向前伸，身子顺势向前倾，轻轻将椅子的前腿放下，然后再将椅子的后腿放下
注意	放椅子的时候，提醒儿童注意动作幅度，防止压到脚

四、走路的姿态

走路的姿态活动的操作步骤及相关说明见表 2-44。

表 2-44　走路的姿态

操作步骤	步骤说明
操作 1	以端正的姿态，抬头挺胸，眼睛平视，双手下垂，轻且缓慢地走
操作 2	要转弯时，先稍微停一停，然后轻轻转弯，待身体直立后再继续前行

>>> 任务解析

一、解析握手

1. 教育目的

（1）直接目的：懂礼节。

（2）间接目的：学会与他人交往；提升肢体动作的协调性。

2. 适用年龄

3 岁以上。

二、解析敲门

1. 教育目的

（1）直接目的：学习敲门的行为规范。

（2）间接目的：教育儿童要讲文明、懂礼貌。

2. 适用年龄

3岁以上。

三、解析挪动椅子

1. 教育目的

（1）直接目的：学会正确地挪动椅子。

（2）间接目的：训练手指、手臂肌肉的力度，提升协调能力。

2. 适用年龄

3岁。

四、解析走路的姿态

1. 教育目的

（1）直接目的：学会如何在有限的空间内行走。

（2）间接目的：学会控制自己的身体。

2. 适用年龄

3岁以上。

任务探索

进餐的礼仪

1. 探索活动：进餐的礼仪

进餐的礼仪活动的操作步骤及相关说明见表2-45。

表2-45　进餐的礼仪

操作步骤	步骤说明
教具准备	筷子、勺子、碗、碟等餐具和餐巾
操作1	清洗双手，按照就餐人数摆放餐具和餐巾
操作2	进餐时，将碗放在碟的上面。右手大拇指、食指和中指三指拿勺，左手扶碗。轻轻夹菜，细嚼慢咽，不发出声响
操作3	饭后，用餐巾擦嘴。清理桌面，收拾餐具
操作4	用餐过程中可随时喝汤，喝汤时应把筷子放好
操作5	用完餐后，将餐具送到厨房的水槽里
操作6	擦洗桌子，清扫地面，整理环境
错误纠正	食物、汤等洒到桌子上、地面上

2. 活动分析

根据"进餐的礼仪"这个活动的过程，分析该活动的适用年龄、教育目的、兴趣点以及延伸操作，并填写活动分析表，如表2-46所示。

表2-46 活动分析表

考核项目	分析结果	评分
适用年龄		
教育目的		
兴趣点		
延伸操作		
总分		

拓展阅读

儿童与同伴之间的交往和友谊的发展在不同年龄段的表现各不相同，具体内容如表2-47所示。

表2-47 不同年龄段的儿童与同伴之间的交往和友谊的发展

年龄	特点
0~6个月	触摸并看着另一婴儿，以哭泣来回应其他婴儿的哭声
6~12个月	尝试通过观察、触摸、喊叫或挥手来影响另一婴儿； 通常以友好的方式与另一婴儿互动，但有时会拍打或推搡
1~2岁	开始采用互补的行为，如轮流玩、互换角色等； 这一阶段出现了更多社交活动，开始进行想象游戏
2~3岁	在游戏以及其他社交互动中，开始交流意图，如邀请另一儿童一起玩或表示到时间该互换角色了； 开始更喜爱和同伴一起玩而不是成人的陪伴； 开始进行复杂的合作活动或戏剧表演，开始喜欢同性别的玩伴
4~5岁	与同伴分享更多，期望将从游戏中获得的兴奋和享受最大化； 游戏时间更持久，更乐于接受除主角外的其他角色
6~7岁	达到想象游戏的顶峰，更喜欢和同性玩伴一起玩的倾向非常稳定； 友谊的主要目标是进行合作和一起游戏

（资料来源：罗斯·D.帕克，阿莉森·克拉克－斯图尔特：《社会性发展》. 俞国良，郑璞，译. 北京：中国人民大学出版社，2014：191页。）

能力进阶

根据对任务演示中列举的四项活动（握手、敲门、挪动椅子、走路的姿态）的目的分析，结合三阶段教学法，编写活动的操作步骤（见表2-48~表2-51），并尝试创造更多的延伸操作。

表 2-48 握手活动的操作步骤

活动过程	过程描述
操作步骤	
评分	

表 2-49 敲门活动的操作步骤

活动过程	过程描述
操作步骤	
评分	

表 2-50 挪动椅子活动的操作步骤

活动过程	过程描述
操作步骤	
评分	

表 2-51 走路姿态活动的操作步骤

活动过程	过程描述
操作步骤	
评分	

任务检测

一、填写蒙台梭利教室观察记录表

1. 蒙台梭利教室观察记录表（展示工作部分）（见表 2-52）

表 2-52 蒙台梭利教室观察记录表（展示工作部分）

工作名称				
所属领域	日常生活			
专注性	深入程度	高	中	低
	儿童比例			
	持久程度	高	中	低
	儿童比例			
独立性	思考能力	强	中	弱
	儿童比例			
	行为能力	强	中	弱
	儿童比例			
参与性	积极程度	高	中	低
	儿童比例			
	参与效果	好	中	差
	儿童比例			

注：本项观察评价指向：教师——掌控工作展示的能力，工作展示的效果等。儿童——工作展示中的专注性、独立性和参与性，对工作材料的敏感性，最近的发展领域及其阶段等。工作材料——对儿童的吸引力，展示以及投放的适宜性等。

2. 蒙台梭利教室观察记录表（自由工作部分·教具卷）（见表 2-53）

表 2-53 蒙台梭利教室观察记录表（自由工作部分·教具卷）

工作名称			观察记录日期	年 月 日
所属领域		日常生活		
使用儿童	序号			
	儿童			
使用时间	长			
	中			
	短			

续表

所属领域			日常生活				
使用效果	与教师展示的吻合度	高					
		中					
		低					
	独立完成程度	高					
		中					
		低					
	反复操作次数	1					
		2					
		3					
		≥4					
	创造性使用情况	方法					
		广度					
		深度					
	收拾后的材料是否完整，摆放是否正确	高					
		中					
		低					
	是否正确归位	是					
		否					

注：本项观察评价指向：教具对儿童的吸引力，投放的适宜性；儿童发展的序列性；儿童对教具正确操作的掌握程度，儿童创造性操作教具的能力与效果；儿童心理与行为的发展指向；工作周期的形成性判断，工作常规的形成性判断等。

二、自由设计

根据本任务所学，寻找生活中可作为社交礼仪行为训练教具的物品，并设计一个简单的操作步骤。

项目总结

蒙台梭利日常生活教育是儿童各方面健康发展的初始教育。儿童健康发展的关键不仅在于接受何种教育，更为重要的是儿童能否积极地适应日常生活。比如，儿童在穿袜子的过程中，感受到了正反物体的匹配特性，习得了袜子的概念；在喂鱼的过程中，了解了鱼的形态，逐步知晓鱼的习性，强化了对动物的关爱之情。蒙台梭利日常生活教育为儿童后期接受的其他教育奠定了基础，也为儿童自立、自理等能力的发展创设了条件。

一、蒙台梭利日常生活教育的价值

蒙台梭利日常生活教育对儿童个体而言，可以满足其内在的发展需求，锻炼运动协调能力，促进个体独立性、秩序感、专注力、意志力、自信心、责任感、荣誉感及对物体认知的发展。

第一，日常生活教育能促进儿童个体专注力的发展。注意力不稳定、持续时间较短且易转移是3~6岁儿童的阶段性特点。在儿童操作日常生活教育教具进行日常生活练习

的工作时，源自日常真实生活且可以自由操作的教具，其外在鲜亮的颜色、适合儿童操作的尺寸、明确的任务和简易的操作，能激发儿童对教具产生持续的、较为稳定的兴趣和关注。在操作平时常见的日常生活教育教具时，儿童会格外地关注教具的操作过程，而持续的关注又能帮助儿童较为顺利地完成操作，成功的喜悦和获得感进而又可激发儿童对日常生活教育教具产生更为持久的关注。由此循环往复，儿童在进行日常生活教育工作的过程中，其专注力等方面便可以得到逐步提升和加强。

第二，日常生活教育能增强儿童的自我感知和自我意识。在日常生活教育中，儿童通过操作日常生活教育教具，在教具错误控制的功能提示下，能逐步增强对自我的感知和控制。在日常生活教育的自我服务和照顾环境等环节中，儿童逐步认识并了解自我，将自我与环境相融合，这样不仅能掌握正确的教具操作方法，还能强化独立应对周围环境和事物的能力。在日常生活中逐步学会生存和独立，正是儿童不断增强的自我感知和自我意识能力，为其独立个体的发展创设条件。

第三，日常生活教育有利于儿童秩序感的培养和规则意识的形成。蒙台梭利日常生活教育涵盖了从自我服务的基本动作到照顾环境的多个环节，教育内容及方法遵循从简单到复杂、由浅入深的原则。比如，儿童通过取放工作毯等操作，不仅学会了拿取工作毯的正确方式，更为重要的是在练习操作的过程中，逐步形成了物品摆放、操作有序的秩序感及良好的规则意识。

第四，日常生活教育有利于儿童精细动作的发展、手眼协调能力的形成。在蒙台梭利日常生活教育教具的操作过程中，儿童通过参与活动锻炼了手眼协调能力。蒙台梭利曾提出："儿童在完成日常生活的一系列活动时，必须依赖运动，运动或体力活动是智力发展的一个基本要素，其人格形成所必要的身、心、知各方面的发展都是由运动促成的。通过运动，儿童能够与客观环境相互作用，由此履行他自己在这个世界上的使命。"在蒙台梭利日常生活环境中，儿童用手进行日常生活工作的练习，在精细程度相对较高的走、跑、跳、钻、爬、拿、倒、捏、夹等操作中，儿童大、小肌肉的灵活度和敏感性得到锻炼，自身的手眼协调力得到强化。在运动的过程中，手部的锻炼和操作为儿童实现自我发展和独立创设了条件。蒙台梭利日常生活教育除了引导儿童掌握日常生活基本工具的使用方法，更重要的是通过日常生活练习，强化儿童独立应对周围事物的能力。

二、蒙台梭利日常生活教育的目的

蒙台梭利日常生活教育的目的可以从人类学和生物学两个视角进行阐述，主要分为直接目的和间接目的。直接目的主要在于通过日常生活教育活动，引导儿童学会日常生活中的自我管理、自我控制和自我服务，为日后的生存及可持续发展奠定基础。间接目的主要在于通过日常生活教育的运动、调整等，促进儿童爱心、意志力、责任心、理解力、专注力和秩序感的发展，进而实现儿童完整人格的构建。

问题解析

问题一

儿童学习完拧的动作后，在实际生活中，进行拧的工作时还是要求助于教师。因此，教师感觉教具操作在实际生活中没有意义。

应对策略： 教师可向儿童提供日常生活中常见的需要拧的瓶盖，请儿童分别说出其名称。在正确认知的基础之上，教师再演示拧瓶盖的动作，使儿童能够真正体会到拧的用途。

　　分析： 不同的事物具有同一种属性，对此儿童往往会感到较难理解。儿童只是机械地记住一种事物的操作方法，故而在日常生活中遇到类似的问题时，便不会解决。有的教师嫌讲解太麻烦，于是直接帮助完成。蒙氏日常工作的原理就是使儿童能够解决日常生活中的常见问题。所以，教师在遇到此类问题时，可以在操作"拧"的基础上，关联日常生活中常见的其他事物，从而达到教育的目的。

问题二

　　照顾环境是儿童日常生活中的一部分。在蒙氏教具的操作过程中，儿童基本能够掌握照顾环境的技能。但是在实际生活中，儿童并不关心班级中环境的变化。例如，教师在自然角中种植了一些植物来美化环境，结果却总是需要教师提醒儿童为植物浇水等。

　　应对策略： 为儿童提供一个优良的环境是蒙氏教师应该做的。教师应该多动脑筋，让儿童参与到环境布置中来，让环境与儿童的生活息息相关，把照顾环境转换成儿童日常生活的一部分，这样儿童就能建立起责任意识，也能很好地照顾环境了。

　　让儿童亲自动手种植大蒜、洋葱等，一起做种子发芽的实验，在班级环境与儿童之间建立一种关联。

　　教师与儿童一起收集饮料瓶并制成花盆。让儿童根据自己的喜好种植相应的植物，植物的生长过程应比较明显，以便于儿童在一段时间内能够观察到植物的变化，如大蒜发蒜苗、萝卜缨开花、白菜开花等。如果儿童对此特别感兴趣，那么每天都会有人照看植物、记录植物的变化，不用教师的督促也能自觉完成照顾环境的任务。

　　分析： 日常生活中可操作的事是儿童感兴趣的。教师布置环境时若没有让儿童参与，儿童就会觉得环境和自己没有关系。相反，如果他们能参与其中，像照料植物这样可操作的事，对儿童来说是有吸引力的，并且儿童在照顾植物的过程中，知道了自己的作用，就更能很好地完成任务。

问题三

　　在日常生活操作中学习用勺子舀豆、夹球等动作时，儿童能够顺利地完成任务。可是在午餐时，教师发现，部分儿童还是不会用勺子吃饭，不会用筷子夹菜。

　　应对策略： 教师在练习过程中只是重视了基本操作，没有联系儿童生活的实际，拓展训练不够。

　　应结合儿童的实际年龄，设计用勺子吃饭、用筷子夹菜的活动。

　　教师可以设计娃娃家来客人的游戏，综合进行日常生活教育。客人来了，要敲门、开门、让座等。然后进行做饭的活动，切黄瓜、剥花生、叠餐巾等。最后是吃饭，用勺子喝汤，用筷子夹菜。儿童能够主动进行各种操作练习，趣味性很浓，儿童的热情也会很高。

　　分析： 蒙氏日常生活教育的目的就是让儿童解决实际生活中常见的问题，使儿童可以正常生活。教师在遇到儿童不能用蒙氏教具操作的原理解决生活中实际问题的情况时，要对基本操作活动进行扩展设计，结合儿童的情况，让其在实践中得到锻炼，从而达到教育的目的。

问题四

学习了很多日常生活中能够用到的社交礼仪，如待客、送客等，可是在幼儿园实际生活中没有机会和场合对之加以检验，教师不知道应如何考查儿童对社交礼仪的掌握情况。

应对策略：有些练习是与儿童生活实际密切相关的，教师的检验与考查也应该在日常生活中逐渐积累。教师要善于观察，善于利用机会对社交礼仪的运用情况进行检验。

可以结合儿童的实际生活设计故事情境，让儿童在故事情境中运用社交礼仪。

情境一：班里来了新的小朋友。教师可请其他班级的儿童扮演新朋友，先是由教师对其进行介绍，再由班里的其他儿童进行自我介绍。在互相介绍的过程中，儿童可自由进行交际活动，教师可借此检验儿童对社交礼仪的掌握情况。

情境二：班里来了其他班级的教师。请一个儿童负责接待，要求其主动问好，问清教师来班级的原因，并在解决问题后主动送客等。

分析：蒙氏日常生活教育就是要培养儿童解决实际生活中常见问题的能力。有了新伙伴、来了新教师等，这些都是幼儿园中经常出现的情况。教师如果是一个有心人，就会对这些情境进行观察，并从中找出可利用的情境。如果教师不善于观察，那么就要设计情境，以检验儿童对相关内容的掌握情况。当然，做有心人是蒙氏教师的工作观。

项目思考

（1）如何在日常生活中开展教育工作？
（2）如何挖掘日常生活中的教育元素？

行业楷模

给 3 000 多个孤独症患儿当"月亮妈妈"

冉存英，女，1969 年 6 月出生，民革党员，宜昌市博爱特殊教育学校校长。

抉择：从绝望的母亲到操心的校长。

冉存英本来拥有一个幸福的家庭，夫妻俩工作稳定，儿子乖巧可爱。一次偶然的遭遇让她成了一位不一样的母亲。

1999 年 12 月的一天，冉存英发觉 6 岁的儿子表现很异常。叫他不应，只自顾自地转圈、乱叫，甚至还用手打自己的头。有时，还整夜不睡觉。

坎坷问诊路上，冉存英得知，自己的孩子患有孤独症。这是一种脑发育性障碍，以社会交往障碍、沟通交流障碍和重复局限的兴趣行为为主要特征。目前尚缺乏针对孤独症核心症状的药物，只能靠特殊教育和康复训练。

自己的孩子 6 岁确诊，求医 4 年，错过了最佳康复训练期。联想到那些年碰见的同病相怜的人和家庭，冉存英决定：办一所特殊学校，来帮助儿子，同时帮助更多像儿子这样的孩子，帮助更多像自己这样的母亲。

没有资金，她就和丈夫毅然辞职，凭借买断工龄的全部工资和找亲友四处筹借的资金，艰难开学；没有师资，她就刻苦自学特殊教育知识，取得特殊教育资格证书，招聘并亲自培训教师；没有生源，她不辞辛苦一次次上门走访、劝导家长们将孤独症孩子送到学校接受专业康复训练，踏遍宜昌大街小巷。

求索：从四处家访招取3个学生到3 000多个孩子慕名而来。

3个孩子，4个老师，博爱就此启航。那时的冉存英，既是学校的采购员、办公文员，也是心理咨询师、培训师，还是校长，时常要忙到凌晨。

冉存英至今记得学校第一个"康复之星"雄雄。他4岁时仍不会说话，不与小伙伴玩，走路左摇右晃。2005年进入博爱后，冉存英为他制定了个性化康复方案。8个月时间，他学会了独立用筷子吃饭，自己穿衣，大小便能自己处理好，主动与人打招呼，还能够表达需求。11个月后，学校给他开欢送会，戴大红花。后来雄雄一家搬到成都生活。因为他喜欢湖北，前年考上了武汉理工大学。

学校聘请北京市孤独症儿童康复协会、北京大学第六医院等院校和科研单位的教授、博士、专家组成顾问组，基于每个儿童的个体情况因材施教，量身定制个别化教育（IEP）计划，分阶段开展基础社会交往能力、学习能力、自理能力、运动技能等的康复训练。康复得较好的孩子，通过到"彩虹班"衔接融合过渡，便可到普通学校随班就读。

为了争取更多的公益项目资金，让更多的孤独症孩子上得起学，2012年冉存英毅然将学校转成民办非营利机构，成为宜昌市首个非营利性质的民营孤独症学校。

目前，宜昌市博爱特殊教育学校已发展成为国家、湖北省、宜昌市残联定点康复机构，是中残联孤独症儿童康复教育试点项目扶持的50家机构之一。19年来，学校累计接收、培训全国20多个省、市、自治区的3 000多名孤独症孩子，免费为家长咨询上万次，帮助300多名孩子回到普通学校，给无数破碎的孤独症患儿家庭带来希望的星火。

愿景：从艰辛凿开一扇窗到同心撑起一片天。

"我个人的力量太微小了，我只是做了一点点，做了一个母亲该做的。"冉存英说，这些年来，数不清的爱心人士和爱心企业，捐款捐物，到学校开展志愿服务。

在冉存英看来，孤独症人群融入社会，是一种具有广度和深度的融合。这不仅仅是有的个体能够通过工作谋生，而且是社会大众对这一群体的接纳。这个接纳是一种爱的接纳，就像父母接纳自己的孩子，无关健康与否、优秀与否。

冉存英介绍，孤独症患者的职业康复，主要分为支持性就业、辅助性就业、庇护性就业。博爱选择的是难度最大的支持性就业。

2014年10月，她创办了湖北省首家心智障碍人士支持性就业公益性示范餐厅"雨人筷乐餐厅"。学校的孩子参与餐厅的择菜、洗碗、保洁、服务等工作，打开他们与社会融合的窗口。虽然由于种种原因，餐厅营业两年多后关闭了，但对于孩子"生存出口"问题的思考与探索，冉存英一直在进行着。

"自己最大的理想就是，有一个大校园，孩子们免费就读。校园里还有许多地方可以做农疗、工疗，就像一个乐园。志愿者可以带孩子们做各种活动，帮他们融入社会。"冉存英眼中满是希冀。

项目三
蒙台梭利感官教育活动

蒙台梭利认为，3~6岁是儿童发展的敏感期，也是感觉活动和认知活动相辅相成的时期，这个时期的儿童开始观察周围的环境，事物带来的感官刺激吸引着他们的注意力。因此，教师可直接用感觉刺激法促使儿童的感知觉合理发展，为帮助他们建立一个积极的心理状态打下基础。

蒙台梭利感官教育是指以能刺激感觉的一系列科学化的感觉教具为媒介，有目的、有计划地形成与发展儿童的感知觉和观察力，培养儿童正确运用感官认识周围环境的能力的教育活动。

在实际教学中，儿童感官教育体系包括对视觉、触觉、听觉、味觉、嗅觉等感官的训练，与之配合使用的教具是蒙台梭利教育体系中最重要、最有特色的一部分。

项目情境

花花幼儿园即将开展节日庆祝活动，教师小美在准备节庆物品时发现，节日庆祝活动中需要的食物、玩具、装饰等，大都五颜六色、香气扑鼻，深受小朋友们的喜爱。

小美认为，感官教育应注重训练儿童的注意、比较、观察和判断能力，使儿童的感受性更加敏捷、准确、精炼。

小美想，如果能将感官教育的原理运用到这次节日庆祝活动中，可能会有意想不到的教育效果。你认为小美的想法是否可行？

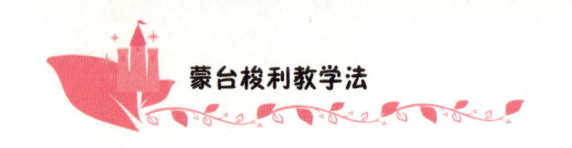

项目目标

知识目标

掌握蒙台梭利感官教育的原则、内容。

技能目标

学会操作蒙台梭利感官教具。

能够设计蒙台梭利感官教具的操作步骤。

尝试利用周边事物进行蒙台梭利感官教育。

素质目标

探索蒙台梭利感官教育的价值。

任务一 视觉奇观

视觉在人体的五种感官中最受重视。蒙台梭利视觉教育具有不同的视觉感受维度，可以培养和增强儿童的辨别能力，使其形成视觉空间智能。其主要包括识别物体大小、形状和颜色等方面的训练。

RENWU ZHUNBEI 任务准备

一、材料准备

插座圆柱体组、长棒、色板、粉红塔、棕色梯、字卡、彩色圆柱体、工作毯等。应根据不同活动内容的要求，准备相应的教具。

二、认识教具

（一）插座圆柱体组

插座圆柱体组共有 4 组，每组包含 10 个木制带圆柄和底座的圆柱体，底座外形类似枕木。插座圆柱体组如图 3-1 所示。

图 3-1 插座圆柱体组

1. A 组

A 组又称粗细组，其高度一定，都为 5.5 厘米；直径以 0.5 厘米为一个单位长度等差递减，最粗的为 5.5 厘米，最细的为 1 厘米。

2. B 组

B 组又称大小组，其直径和高度同时等差递减，直径从 5.5 厘米减少到 1 厘米，高度也是从 5.5 厘米减少到 1 厘米。

3. C 组

C 组又称高矮组，圆柱体直径一定，都为 2.5 厘米；高度以 0.5 厘米为单位长度等差递减，最高的 5.5 厘米，最矮的 1 厘米。

4. D 组

D 组又称反向组，直径以 0.5 厘米的等差递减，从 5.5 厘米减少到 1 厘米；高度同时以 0.5 厘米的等差递增，从 1 厘米增加到 5.5 厘米。

（二）粉红塔工具组

1. 粉红塔

由 10 个粉红色木制正方体组成，其边长以 1 厘米的等差从 10 厘米减小到 1 厘米。粉红塔如图 3-2 所示。

2. 字卡

写有"大""小"等字样的卡片。

（三）棕色梯工具组

1. 棕色梯

由 10 个棕色的木制长方体组成，其长度均为 20 厘米，横截面是边长以 1 厘米为一个单位长度从 10 厘米等差递减到 1 厘米的正方形，每个正方形的面积都和粉红塔中有着相同边长的那个正方体的横截面面积大小相同。棕色梯如图 3-3 所示。

图 3-2　粉红塔　　　　　　　　　图 3-3　棕色梯

2. 字卡

写有"粗""细"等字样的卡片。

>>> 任务演示

一、插座圆柱体组

插座圆柱体组活动的操作步骤及相关说明见表 3-1。

表 3-1　插座圆柱体组

操作步骤	步骤说明
第一次展示：A 组（粗细组）的配对练习	
教师说	今天老师带小朋友做一个新游戏哦
操作 1	请一名儿童帮助教师取一块工作毯
教师（双手接过）说	谢谢小朋友
操作 2	将准备好的插座圆柱体放在工作毯上，引导儿童到教具柜前

续表

操作步骤	步骤说明
操作3	向儿童示范拿取插座圆柱体的方法：双手五指并拢，贴合底座两端的凹槽拿取，轻拿轻放
教师说	这是插座圆柱体组
操作4	用惯用手的拇指、食指和中指合起来轻轻握住圆柱体的圆柄，将圆柱体从左到右依次从底座的圆穴中取出，要确保每位儿童都能看到这个过程
操作5	将圆柱体竖直取出后放在工作毯上，摆放位置应与其在底座上的圆穴相对应。示范3~4个后，邀请儿童动手尝试
教师说	下面请小朋友都来试一试吧
操作6	分别感知圆柱体的圆周、高度、底面。把圆柱体底面和底座上的圆穴放在一起做视觉对比，再将圆柱体垂直放入各自对应的圆穴中
操作7	引导儿童用双手的食指和中指并拢触摸圆柱体和对应圆穴的边缘
教师说	摸摸看，然后告诉大家，为什么这个圆柱体能插到这个圆穴里
操作8	插入圆柱体的时候，按照从右到左的顺序，带领儿童依次触摸圆柱体和对应圆穴的边缘
错误纠正	①视觉纠正：一个圆柱体只能插入一个相应的圆穴中； ②触觉纠正：用手触摸圆柱体的底面、侧面，通过触觉判断其是否与圆穴内侧面匹配
第二次展示：B组（大小组）的名称练习	
操作1	请一名儿童帮助教师取一块工作毯
教师（双手接过）说	谢谢小朋友
操作2	将插座圆柱体放在工作毯上，向小朋友介绍
教师说	今天我们要认识的是插座圆柱体的大小组
操作3	重复A组拿取圆柱体的方法，将圆柱体依次抽取出来，摆放在与底座的圆穴对应的位置
操作4	取最高和最矮的圆柱体放在最前面，左手捏住圆柄把圆柱体横放，右手的食指和中指并拢，触摸感知圆柱体的高度，并介绍
教师说	这是大的，这是小的
操作5	将圆柱体展示在儿童面前，邀请他们帮忙指认
教师说	谁能告诉我，哪个是大的？哪个是小的
操作6	拿起其中一个圆柱体，引导儿童齐声回答
教师说	告诉老师，这个是
教师说	现在，小朋友们先闭上眼睛，1，2，3……睁开吧
操作7	把其中一个圆柱体藏起来，等儿童睁开眼睛后，提问
教师说	大家看一看，哪个不见了
操作8	把所有圆柱体放在工作毯上，教师随机拿取两个圆柱体做比较，引导儿童说出哪个是大的，哪个是小的。两个圆柱体的大小差距越小，比较的难度越大
操作9	重复A组复原教具的方式，将圆柱体插入圆穴中
操作10	鼓励儿童用正确的方式将教具、工作毯归位
错误纠正	①视觉纠正：一个圆柱体只能插入一个相应的圆穴中； ②触觉纠正：用手触摸圆柱体的底面、侧面，通过触觉判断其是否与圆穴内侧面匹配
第三次展示：C组（高矮组）的序列练习	
操作1	请一名儿童帮助教师取一块工作毯
教师（双手接过）说	谢谢小朋友

续表

操作步骤	步骤说明
操作 2	教师将插座圆柱体高矮组放在工作毯上，将圆柱体一一从底座上的圆穴中取出，按照左高右矮的顺序将圆柱体垂直放在底座前方并紧密排列，将底座放在身体右侧，向儿童提问
教师说	比一比这些圆柱体，哪一个才是最高的
操作 3	将儿童挑选出的最高圆柱体摆放在相应的圆穴前，再请儿童找出剩下圆柱体中最高的一个，以此类推。引导儿童完成10个圆柱体的高矮排列
教师说	小朋友们，现在难度升级了哦
操作 4	拿走座体，打乱圆柱体的摆放顺序，再请儿童重新排列
操作 5	引导儿童将圆柱体插回底座的圆穴中，并收好教具和工作毯
错误纠正	①视觉纠正：一个圆柱体只能插入一个相应的圆穴中； ②触觉纠正：用手触摸圆柱体的底面、侧面，通过触觉判断其是否与圆穴内侧面匹配

二、长棒

长棒活动的操作步骤及相关说明见表 3-2。

表 3-2 长棒

操作步骤	步骤说明
第一次展示：长棒的名称练习	
操作 1	将长棒排放好，取出对比最明显的 2 根进行比较
操作 2	分别对对比最明显的 2 根长棒进行触觉和视觉感知示范，然后请儿童对其进行观察和触觉感知
操作 3	进行三阶段教学：命名（"长的""短的"）、辨别、发音。以此方式进行另一组长棒的比较和三阶段教学，结束后将教具收好
第二次展示：长棒的序列练习	
操作 1	将长棒排放好，取出对比最明显的 2 根长棒，进行长、短名称的复习
操作 2	取剩余棒的中间那根与对比最明显的 2 根进行比较，命名它是"比较长的"。请儿童进行观察和触觉感知
操作 3	进行三阶段教学：命名（最长的、比较长的、最短的）、辨别、发音
操作 4	放回原位
操作 5	将长棒散放，找出其中最长的，再找出剩下的长棒中最长的，以此类推，并按照从长到短的顺序排列。当只剩下 3 时根再次进行最长的、比较长的、最短的三阶段名称教学。完成后收好教具
错误纠正	可以用最短的一根长棒作为参照物，依次放到其他长棒的末端进行检验

三、色板

色板活动的操作步骤及相关说明见表 3-3。

表 3-3 色板

操作步骤	步骤说明
色板Ⅰ：配对练习	
操作 1	用拇指和食指捏住色板上下两端的边缘，不要触及颜色部分。将色板Ⅰ的控制组和操作组摆好
操作 2	先取控制组中的红色进行展示，放回后边说边用手示意从操作组中找到和它一样颜色的色板

操作步骤	步骤说明
操作3	将控制组的红色板拿到操作组进行比对，找到同色的色板后一起拿回到控制组并按上下位置对应摆好，用手示意并说"它们的颜色是一样的"
操作4	依次将后两组做完
色板Ⅱ：名称练习	
操作1	将红、黄、蓝三色色板摆放好
操作2	将三块色板分别展示后进行三阶段教学。第一阶段：命名。如红色的、黄色的、蓝色的
操作3	第二阶段：辨别。如"请把红色的放在我手里"，三种颜色依次进行练习
操作4	第三阶段：发音。如这是什么颜色的？对三种颜色分别进行发音练习。可配合字卡进行
色板Ⅲ：棕色板的序列练习	
操作1	将10块棕色板按照颜色深浅排放好
操作2	取出颜色对比最强烈的2块棕色板进行"最浅的棕色"和"最深的棕色"的命名。取剩余板里中间的1块与对比最强烈的2块棕色板进行比较，命名它是"比较深的棕色"
操作3	进行三阶段教学，命名（最深的棕色、比较深的棕色、最浅的棕色）、辨别、发音
操作4	放回原位
操作5	将色板散放，按照之前任务的做法，依次找出其中颜色最深的那块板。最后只剩3块时再次进行最深的棕色、比较深的棕色、最浅的棕色三阶段名称教学，并将它们按颜色深浅排列好

任务解析

一、解析插座圆柱体组

1. 教育目的

（1）直接目的：尺寸差异的辨别，培养辨别粗细、高矮、大小的视觉能力；锻炼用小肌肉控制动作的能力；发展语言表达能力，精确使用词语。

（2）间接目的：培养敏锐的观察力和逻辑思考能力（对应、顺序）；为掌握书写时的握笔动作做准备。

2. 适用年龄

2.5~3.5岁。

3. 兴趣点

粗细、高矮、大小不同的圆柱体和与它们相匹配的圆穴。

4. 注意事项

（1）每次展示前先请儿童复习上次的内容，如没有熟练掌握，就暂不开始新的内容。

（2）儿童的独立练习，必须要在教师把示范的教具物归原位后，经自由选择才能开始。

（3）如进行小组展示，儿童要在教师同侧，避免镜面教学。

5. 延伸操作

（1）触摸练习。

①工具准备：插座圆柱体组、工作毯、眼罩。

②基本操作：教师戴上眼罩，用触摸感知的方式对圆柱体和底座进行配对；请感兴趣的儿童上前尝试，必要时教师可用语言提示。

（2）记忆练习。

①任取一组插座圆柱体，将圆柱体取出放在桌子上，将底座放在另一张桌子上。

②在放有底座的桌子上进行配对练习，即记住底座圆穴的大小，找到合适的圆柱体插入。

提示：可用工作毯代替桌子。

（3）组合练习。

①以两组组合为例：任取两组插座圆柱体，将所有圆柱体都从底座中取出，散放在两个底座之间，用圆柱体去找与之适配的圆穴。

②按照由易到难的顺序，可依次进行如下组合操作。

两组组合：A+B，A+C，B+C，B+D，C+D。

三组组合：A+B+C，A+B+D，A+C+D，B+C+D。

四组组合：A+B+C+D。

二、解析长棒

1. 教育目的

（1）直接目的：培养视觉的辨别能力；尺寸差异的辨别，能按照长短依次摆放长棒。

（2）间接目的：发展手眼动作的协调能力；为日后的数学工作做准备。

2. 适用年龄

3~4岁。

3. 兴趣点

长棒的颜色，长短的变化。

4. 注意事项

（1）长棒在教具柜里要左端对齐地从长到短、从上到下排列。

（2）稍长的长棒的取法是左右手上下竖握，短的长棒要双手平握。

（3）感知长棒的长度时要从左至右，到终点时要做出截断的动作。

（4）比较长棒时要左端对齐。

5. 延伸操作

（1）填补差数的练习。

（2）造型练习：垂直排序、水平叠高、搭建迷宫。

（3）记忆练习。

（4）长棒与粉红塔、棕色梯的结合。

（5）长棒与插座圆柱体C组的结合。

三、解析色板

1. 教育目的

（1）直接目的：知道颜色的正确名称，培养分辨颜色的能力。

（2）间接目的：为颜色的对比及组合做准备，培养审美能力。

2. 适用年龄

3.5~4.5 岁。

3. 兴趣点

鲜艳的颜色，色板颜色的渐变。

4. 注意事项

（1）色板颜色要准确。

（2）拿取时的方法。

（3）字卡上字体颜色应和文字内容一一对应。

（4）选择米色工作毯。

（5）当儿童的辨别能力达不到要求时，可以取出颜色最深、最浅和中间的色板，形成差异较大的对比，降低挑战难度。

（6）色板要跳收。

5. 延伸操作

（1）记忆练习。

（2）创意搭建。

ZHISHI ZONGJIE
知识总结

一、蒙台梭利感官教育的目的

蒙台梭利在谈到感官教育的目的时指出，儿童在生物学意义上的发展和社会学意义上的发展经常是交错进行的，而且会随着儿童年龄的增加而此消彼长。在过了急速发展期后，就要注意对儿童进行社会学方面的教育。所以，蒙台梭利感官教育的目的可以从生物学与社会学两个方面进行阐述。

（一）直接目的

就生物学的观点而言，感官教育的目的就是帮助儿童发展各种感觉。蒙台梭利认为儿童教育必须遵循协助儿童心理和生理自然发展的原则，即要让儿童的感觉系统以合理的方式来发展。0~3 岁是儿童感觉的发展期，3~6 岁是感觉的形成期，若能把握住机会帮助儿童的感觉得到自然的发展，便可以同时帮助儿童进行全面的自我教育。为实现这一目标，教育者就必须针对各种感观刺激加以系统的引导，这样感官教育才能为儿童的认知发展建立良好的基础。

在蒙台梭利独特的感官教育教具中可以很清楚地看到这种对感官的刺激。同时，感官教育教具的设计也力求激发儿童的自发活动，使儿童能被教具的特色所吸引，变得更为专注和努力，最终达成自我教育的目的。

（二）间接目的

就社会学的观点而言，感官教育的目的就是训练儿童成为观察家，使儿童获得适应环境的能力。

1. 认识物体属性

知道物体的基本属性、基本特征。凡物体的感性层次，都要让儿童从五官的接触开始，再逐步过渡到心智的刺激，使其获得深刻的印象。

2. 发展感官知觉

培养儿童感官的敏锐度。幼儿阶段是感觉器官的敏感期，通过感官的训练，可使儿童的视、听、嗅、味、触觉都更加精确敏锐，并借此让儿童的认知、辨异等潜能得到充分发展，进而形成分析、综合、判断等更高层次的思维能力和行为基础。

3. 帮助形成概念

儿童在操作物体时，需要对物体进行辨识与分类。当儿童进行感官活动时，其感觉会立刻与遗留在肌肉记忆中的概念相互匹配，使儿童将外界事物与语言加以连接并形成概念。

4. 培养逻辑思考能力

儿童具有"有吸收性的心智"是蒙氏教育的主要观点。儿童在2.5~3岁之间，会在无意识的状态下吸收许多感觉印象，而这些印象在没有整理的情况下，会变得模糊、混乱。感官教育使儿童能够对这些印象进行分类、整合，从具体的形象性思维向抽象思维发展。

5. 有助于手眼协调能力、专注力、独立性及秩序感的培养

蒙氏教具都具有一定的秩序性，错误订正则进一步强化了这一特点。所以，儿童只有按照一定的顺序才能完成工作。由于感官教具具有独立性的特点，因此儿童可在独立操作的过程中培养专心、独立、自信等品质。

适应环境必须以观察为基础，也就是说要使儿童能够适应现在以及未来的生活，就必须使其具备对环境的敏锐观察力，这就要求教育者帮助儿童掌握观察所必须具备的能力与方法，这不单是为了能够适应现代文明社会而必须完成的一般性工作，也是为日后的实际生活做准备。

二、蒙台梭利感官教育的指导方法

（一）提供教具的方法

在感官教育中要按照由易到难的原则提供教具材料，使儿童可利用按顺序排列的物品来认识周围环境，这符合儿童的年龄特点和认识规律。使每种教具专门训练儿童的一种特定的感觉，通过有针对性地、分步骤地反复练习，增强儿童对物体特殊性能的感受能力；通过识别接触到的不断变换的物体，进一步强化各种感知能力。

（二）不同的提示形式

蒙台梭利教学的提示形式包括团体提示、小组提示和个人提示，在感官教育中要以个人提示为基础，加上少许小组提示，几乎不用团体提示。要注意小组提示是针对能较好地理解某一教具操作步骤的儿童而言的。

（三）具体的提示顺序

提示顺序由准备、示范、整理三个阶段构成。

1. 准备阶段

在准备阶段，好的引导非常重要，必须注意配合儿童的发展程度来进行，并以儿童喜爱的方式来引导，避免强制性的指导。在这个阶段，如果引导因儿童的情绪变化而中断，则应改为以后再予以引导。

2. 示范阶段

在示范阶段，为使提示产生示范作用，要注意动作分解、兴趣点所在、错误订正三个方面。在动作分解中要让儿童能掌握动作，并激发儿童的兴趣以及经常接触教具、反复进行练

习的意愿；在进行教具操作时，要使儿童找到其最感兴趣的地方；在错误订正时使儿童理解重点并培养其判断能力。在这个阶段，尤其要注意观察儿童的反应与表情。

3. 整理阶段

在整理阶段，请儿童把教具、桌子及工作毯归还原处。

在指导过程中，教师要清楚有效地示范应注意的问题：

（1）应预先决定进行练习的场所是在桌面上还是在工作毯上；

（2）教师坐在儿童的右边；

（3）以正确、缓慢的分解动作进行示范；

（4）解说要点的提示词要简洁，表达要正确；

（5）仔细观察儿童的操作，强调专注力的培养；

（6）注意观察儿童的表情；

（7）提示错误订正的地方；

（8）提示后应给儿童练习的机会；

（9）请儿童自由选择要不要进行练习，不要强迫，可以使用"你想不想试试看"等尊重儿童意愿且可以激励儿童的措辞。

（四）P、G、S 的基本操作

感官教具符合人类认识事物的一般规律。

1. 配对（Pairing，P）

配对是组成对或互相对应，是将特性完全相同（如大小、高低、粗细、颜色、强弱、形状、轻重、气味、冷热等）的物体组成一对。

2. 序列（Grading，G）

序列是对事物的阶段、层次、顺序或系统化的划分。

3. 分类（Sorting，S）

分类是将特性完全相同的事物组合在一起，通过对物体属性的认知逐渐形成概念。

采用 P、G、S 的基本操作时需要注意，并不是每种教具都同时包括三种操作。有的教具只属于 P，有的只属于 G，有的兼顾了 P 和 G 的操作，还有的兼顾了 P 和 S 的操作，但不能进行 G 和 S 的同时操作。

（五）三阶段教学法

蒙台梭利感官教育的名称练习采取塞根的三阶段教学法，具体内容如下。

第一阶段，命名。结合概念和物体或物体和名称进行命名，如"这是三角形"。

第二阶段，辨别。进行名称和概念的辨别或物体的再认识，如"三角形是哪一个"。

第三阶段，发音。对物体的名称和概念或对物体本身的记忆以及重现，如"这是什么"。

名称练习主要包括普通名称练习、特别名称练习和 G 的名称练习。

（六）延伸操作

在感官教育中，当儿童已经掌握了基本操作后，可以依据儿童对教具的掌握情况、每种教具的特点来进行不同的延伸操作。主要有记忆练习、戴眼罩的练习、捉迷藏、基础卡片、组合操作、环境练习等。

任务探索

一、粉红塔

（一）探索活动：粉红塔

粉红塔活动的操作步骤及相关说明见表 3-4。

表 3-4 粉红塔

操作步骤	步骤说明
教师说	今天老师带来了一个漂亮的小玩具
操作 1	请一名儿童帮助教师取一块工作毯
教师（双手接过）说	谢谢小朋友
操作 2	将准备好的粉红塔放在工作毯上，引导儿童到教具前
操作 3	将粉红塔拿起展示，确保每位儿童都能看到
教师说	它叫粉红塔
操作 4	教师取出最大的和最小的两个正方体，放在工作毯上
教师说	这个是最大的，这个是最小的
操作 5	将正方体展示在儿童面前，邀请他们帮忙指认
教师说	谁能告诉我，哪个是最大的？哪个是最小的
操作 6	拿起其中一块，引导儿童齐声回答
教师说	告诉老师，这个是什么
操作 7	把所有正方体都放在工作毯上，教师在每个正方体上稍作停顿，引导儿童挑选出最大的一个
教师说	现在告诉老师，这里面最大的是哪个
操作 8	重复操作 7，按照大小次序居中堆高
教师说	大家看，这像什么形状
操作 9	将所有正方体堆成塔后，再一个一个取下，仍按照从大到小的次序收回教具
错误纠正	依次相差一个最小的

（二）活动分析

根据"粉红塔"活动的操作过程，分析该活动的适用年龄、教育目的、兴趣点以及延伸操作，并填写活动分析表，如表 3-5 所示。

表 3-5 活动分析表

考核项目	分析结果	评分
适用年龄		
教育目的		
兴趣点		
延伸操作		
总分		

注意事项	（1）强调如何拿取粉红塔。 （2）构建完成后要带领儿童欣赏。 （3）必须拆解后才能将教具归位。 （4）对应字卡要跳收。

二、彩色圆柱体

（一）探索活动：彩色圆柱体

彩色圆柱体活动的操作步骤及相关说明见表3-6。

表3-6 彩色圆柱体

操作步骤	步骤说明
教具准备	彩色圆柱体4组，颜色分别为蓝、红、黄、绿并置于同色的盒子中，彩色圆柱体的结构和大小与对应的4组插座圆柱体完全相同。 A组（粗细组，红色）：高度一定，均为5.5厘米；直径以0.5厘米的等差递减，最粗的为5.5厘米，最细的为1厘米； B组（大小组，黄色）：直径和高度同时以0.5厘米的等差递减，直径从5.5厘米减少到1厘米，高度也从5.5厘米减少到1厘米； C组（高矮组，蓝色）：圆柱体直径一定，均为2.5厘米；高度以0.5厘米的等差递减，最高的为5.5厘米，最矮的为1厘米； D组（反向组，绿色）：直径以0.5厘米的等差递减，从5.5厘米减少到1厘米；高度同时以0.5厘米的等差递增，从1厘米增加到5.5厘米
操作1	将红色圆柱体盒放在工作毯上，并从中一一取出红色圆柱体，散放在工作毯上，再把盒子盖好，放在身体的右侧
操作2	通过比较，找出其中最粗的圆柱体，再找出剩下圆柱体中最粗的，依序水平横排排好
操作3	引导儿童思考还有哪些排列方法可以进行垂直叠高。先进行红色、绿色盒子的构建，构建好后，教师和儿童一起从各个角度观察，看看哪个颜色没有了，哪个变化了
操作4	请儿童练习
错误纠正	视觉和触觉控制

（二）活动分析

根据"彩色圆柱体"活动的操作过程，分析该活动的适用年龄、教育目的、兴趣点以及延伸操作，并填写活动分析表，如表3-7所示。

表3-7 活动分析表

考核项目	分析结果	评分
适用年龄		
教育目的		
兴趣点		
延伸操作		
总分		

>>> 能力进阶

根据对"棕色梯"活动的教育目的、兴趣点等内容的分析,结合三阶段教学法,编写棕色梯活动的操作步骤(见表3-8),并尝试创造更多的延伸操作。

1. 适用年龄
2.5~3.5岁(在粉红塔后进行)。

2. 教育目的
(1)尺寸差异的辨别,认识并能按照粗细顺序依次摆放棕色梯。
(2)对二次元的差异有初步的认识。
(3)培养逻辑思维能力(秩序性)。
(4)数学思维的间接准备。

3. 兴趣点
(1)棕色梯的颜色。
(2)二次元的变化。

4. 注意事项
(1)棕色梯在教具柜里要以从粗到细、由左至右的梯状呈现。
(2)进行变化序列的操作时要注意安全。
(3)对应字卡要跳收。

表3-8 棕色梯活动的操作步骤

活动过程	过程描述
操作步骤	
评分	

拓展阅读

蒙台梭利感官教育的原则

蒙台梭利认为感官教育的目的在于帮助儿童发展各种感知觉,因此,为了使儿童接收到的感觉得到发展,就必须对各种刺激加以系统的引导。这就要求在实施感官教育时遵从一定的原则,并有正确的指导方法,这样才能使儿童"以自然奇迹中最伟大、最令人欣慰的形象出现在我们面前"。

1. 教具系统性的原则

蒙台梭利认为,感官教育中的教具使自我教育和感觉的组织教育得以进行。这样的教育并不是靠教师的能力，而是靠教具体系来完成的。在感官教育中，具有合理刺激层次的各种教具的排列构成了教具的体系。因此，在感官教育中要遵从教具的系统性原则，使刺激由易到难、由近及远，有计划地、系统地、适时地实施感官教育。

2. 自我教育的原则

在感官教育中，自我教育的原则就是提倡儿童在感觉训练中通过自己的兴趣、需要和能力进行自由选择、独立操作、自我校正，自发地顺着教育体系的路径，按部就班地行进且有所发现，从而迈向更高、更抽象的层次。在这个过程中，体贴的教育指导者会在儿童有困难的时候鼓励他并给予必要的援助。

3. 个人提示的原则

在感官教育中，以个人提示为重点，加上少许的小组提示，也就是要尊重每个儿童的自主性和独立性，以每个儿童最感兴趣的方式开展感官教育，从而达到促进儿童感官觉醒的目的。

4. 刺激孤立化的原则

在感官教育中，刺激孤立化的原则就是将刺激集中在某种感觉的某种属性上进行，即每种教具都应针对特定的刺激，如将长短、大小、颜色、声音等予以孤立化，从而集中训练儿童某一感觉的某种技能，使儿童的精神完全集中在某一点上。

观看教具操作演示视频，梳理操作步骤，简单分析该教具的教育目的、兴趣点、注意事项，讨论该教具还有哪些延伸操作方法，并填写表3-9。

表3-9 教具操作分析

教具 （二维码视频）	操作步骤	教育目的	兴趣点	注意事项	延伸操作
几何图形嵌板橱组					
几何学立体组					
构成三角形组					

续表

教具 （二维码视频）	操作步骤	教育目的	兴趣点	注意事项	延伸操作
二项式					
三项式					

>>> 任务检测
RENWU JIANCE

一、填写蒙台梭利教室观察记录表

1. 蒙台梭利教室观察记录表（展示工作部分）（见表 3-10）

表 3-10 蒙台梭利教室观察记录表（展示工作部分）

工作名称				
所属领域	视觉教育			
专注性	深入程度	高	中	低
	儿童比例			
	持久程度	高	中	低
	儿童比例			
独立性	思考能力	强	中	弱
	儿童比例			
	行为能力	强	中	弱
	儿童比例			

续表

所属领域	视觉教育			
参与性	积极程度	高	中	低
	儿童			
	比例			
	参与效果	好	中	差
	儿童			
	比例			

注：本项观察评价指向：教师——掌控工作展示的能力，工作展示的效果等。儿童——工作展示中的专注性、独立性和参与性，对工作材料的敏感性，最近的发展领域及其阶段等。工作材料——对儿童的吸引力，展示以及投放的适宜性等。

2. 蒙台梭利教室观察记录表（自由工作部分·教具卷）（见表3-11）

表3-11 蒙台梭利教室观察记录表（自由工作部分·教具卷）

	工作名称		观察记录日期	年 月 日	
	所属领域		日常生活		
	使用儿童	序号			
		儿童			
	使用时间	长			
		中			
		短			
使用效果	与教师展示的吻合度	高			
		中			
		低			
	独立完成程度	高			
		中			
		低			
	反复操作次数	1			
		2			
		3			
		≥4			
	创造性使用情况	方法			
		广度			
		深度			
	收拾后的材料是否完整，摆放是否正确	高			
		中			
		低			
	是否正确归位	是			
		否			

注：本项观察评价指向：教具对儿童的吸引力，投放的适宜性；儿童发展的序列性；儿童对教具正确操作的掌握程度，儿童创造性操作教具的能力与效果；儿童心理与行为的发展指向；工作周期的形成性判断，工作常规的形成性判断等。

二、自由设计

根据本任务所学，帮助小美寻找日常生活中可作为视觉教育教具的物品，并对操作步骤进行简要的说明。

三角形盒子

任务二　触觉之旅

触觉是使人类与外部世界接触的一种感觉，训练儿童的触觉，能让他们迅速掌握周围事物的初步概念，消除对环境的陌生感觉，增强对环境的适应能力。蒙台梭利指出，"儿童常常以触觉代替视觉或听觉"，因此触觉教育在其感官训练中的重要性不言而喻。触觉教育按其性质的不同，可以分为辨别物体光滑程度的触觉训练，辨别冷热的温度触觉训练，辨别物体轻重的重量触觉训练，辨别物体大小、长短、厚薄和形体的实体触觉训练等。

>>> 任务准备

一、材料准备

触觉板、眼罩、自制字卡（"光滑""粗糙""重""轻"）、工作毯、重量板、温觉板、木板、毛毡、钢板等。应根据不同任务内容的要求，准备相应的材料。

二、认识教具

（一）触觉板

触觉板由4种不同的木板组成，如图3-4所示。

A板：长条形木板。左半侧为粗糙的砂纸面，右半侧为木质的光滑面。

B板：由相同粗糙程度的条状砂纸和光滑的木条组成，砂纸和木条在板上从左到右以光滑与粗糙间隔的方式排列。

C板：由5块粗糙程度逐渐增加的条状砂纸组成，在板上从左到右依次排列。

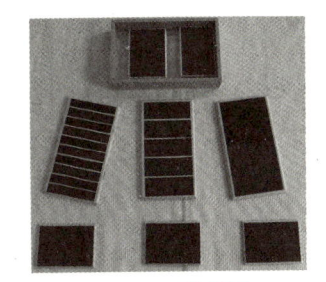

图3-4　触觉板

D板：由5对粗糙程度逐渐递增的砂纸板组成。

（二）温觉板

一个四分格的木盒中放置尺寸为5厘米×7厘米的钢板、大理石板、木板、毛毡各1对，如图3-5所示。

（三）重量板

一个三分格的木盒中分别放有尺寸相同，颜色和重量均不同的木板（松木板为12克，桃木板为18克，柳木板为24克）各7块，共计21块，如图3-6所示。

图 3-5　温觉板　　　　　　　　　　　　　图 3-6　重量板

任务演示

一、触觉板

触觉板活动的操作步骤及相关说明见表 3-12。

表 3-12　触觉板

操作步骤	步骤说明
第一次展示：触觉板名称练习	
提示	练习开始前，组织儿童用温水洗手，毛巾擦干后，用光滑的手指触碰触觉板，以增加儿童手指的敏感度
操作 1	取 A 板放置在工作毯上，注意将粗糙的一面靠近儿童，教师坐在儿童右侧
操作 2	左手按住 A 板左下角，右手轻抚左边粗糙部分，反复练习数次
教师说	好了，现在就由我们的小朋友试试吧
操作 3	引导儿童用手轻抚粗糙部分，并在儿童抚摸的同时，说出关键词
教师说	粗糙的，很粗糙
操作 4	配合文字卡，进行三阶段名称教学的辨别和发音，使儿童正确发出"粗糙"的读音
注意	轻抚动作和说出关键词应同时进行，让儿童将两者联系起来
操作 5	轻抚 A 板的右侧光滑部分，进行与文前左侧同样的操作，并在引导儿童轻抚光滑部分时，说出关键词
教师说	光滑的，很光滑
操作 6	配合文字卡，进行三阶段名称教学的辨别和发音，使儿童正确发出"光滑"的读音
操作 7	取 B 板放在桌子上，左手按住木板左下角，右手食指、中指并拢，从左向右以光滑、粗糙的顺序连续触摸触觉板，感知强烈反差
操作 8	取 C 板放在桌子上，左手按住触觉板，右手食指、中指并拢，从左向右连续轻轻地触摸砂纸条，感知粗糙程度的递进变化，说出触摸的感觉
教师说	越来越粗糙的
操作 9	引导儿童依次轻抚 C 板，感受粗糙程度的递进变化，并仔细询问儿童的感觉有何不同
操作 10	确保每位儿童都有轻抚的机会。待熟悉后，给儿童戴上眼罩，重复以上练习
注意	轻抚触觉板时，动作是由左向右依次进行的，这样可以锻炼手部的控制能力，为学习写字做间接准备
错误纠正	用视觉和触觉来订正
第二次展示：触觉板配对练习	
操作 1	取 D 板放在桌子上，示范拿取的方法，摆好控制组和操作组
操作 2	取控制组中的砂纸板进行感知，再将控制组的板拿到操作组进行比对，找到粗糙程度相同的砂纸板之后一起拿回

续表

操作步骤	步骤说明
教师说	它们是一样粗糙的
操作3	引导儿童重复上述操作
错误纠正	用视觉和触觉订正。在触觉板背面画上符号，相同符号的触觉板的粗糙程度相同
触觉板的序列练习	
操作1	取D板操作组的5块砂纸板散放在桌子上
教师说	我们来找到最粗糙的那块好不好
操作2	用手指轻轻触摸感知粗糙程度，找到最粗糙的一块
操作3	在剩余的触觉板中，继续寻找最粗糙的一块，示范2块后，请儿童参与工作
操作4	逐一感受后，取任意2块，用手指轻轻触摸感知粗糙程度，将较粗糙的放在左边，另一块放在右边；再取一块板与这2块比较，按顺序摆在相应的位置；依次完成剩余的2块板
教师说	小朋友们，现在难度升级了哦
操作5	将控制组序列中的某一块触摸板取出，请儿童依据视觉和触觉，对其进行归位
操作6	反复练习后将教具归位，并收好工作毯
错误纠正	用视觉和触觉订正。在触觉板背面画上符号，相同符号的触觉板的粗糙程度相同

二、重量板

重量板活动的操作步骤及相关说明见表3-13。

表3-13 重量板

操作步骤	步骤说明
第一次展示：重量板的配对练习	
操作1	示范拿取的方法，摆好控制组和操作组
操作2	先取控制组中的木板感知，感知后放回，边说边用手示意如何从操作组中找到和它一样重量的木板
操作3	将控制组的木板拿到操作组进行比较，找到同样重量的之后一起拿回，用手示意的同时说"它们的重量是一样的"
操作4	依次将后几组做完
第二次展示：重量板的名称练习	
操作1	取出重量不同的2块木板放在工作毯上
操作2	左右手各拿一块轻轻掂量，比较重量后放下
操作3	用手示意重的一块，说"重的，重的，这是重的"
操作4	再示意轻的一块，说"轻的，轻的，这是轻的"
操作5	进行三阶段名称教学的辨别和发音，可配合字卡进行
错误纠正	用视觉和触觉来订正
第三次展示：重量板的序列练习	
操作1	将重量不同的3块木板按顺序摆放好
操作2	取出对比最强烈的2块板，分别用"重的"和"轻的"加以命名
操作3	取中间的一块与对比最强烈的2块板进行比较，命名它是"比较重的"
操作4	进行三阶段教学，将3块板命名为"最重的""比较重的""最轻的"，再进行辨别和发音
操作5	将木板散放，通过感知找出最重的、比较重的和最轻的
错误纠正	依照木板的颜色订正

>>> 任务解析

一、解析触觉板

1. 教育目的

（1）直接目的：能够辨别粗糙、光滑的触感；能够说出光滑、粗糙。

（2）间接目的：培养对手部肌肉的控制能力，为学习书写做准备。

2. 适用年龄

2.5岁以上。

3. 兴趣点

新材料（砂纸板）的认识。

4. 注意事项

（1）可以一次性将A、B、C板同时示范给儿童看，强化其对概念的理解。

（2）在每块触觉板的背面贴上错误控制点，同组的2块板的错误控制点是一样的。

二、解析重量板

1. 教育目的

（1）直接目的：培养分辨轻重的感觉能力。

（2）间接目的：培养判断能力。

2. 适用年龄

3~4岁以上。

3. 兴趣点

感知比较的过程。

4. 注意事项

可以在熟悉简单的操作后，逐步加大难度，直至可以把全部的重量板放在一起进行单手辨别重量的练习。

>>> 知识总结

一、蒙台梭利触觉教育原理

蒙台梭利触觉教育是一种以儿童为中心的教育方法，它基于儿童的感官体验，为其提供探索和学习的机会。该方法强调通过皮肤的接触感知不同质地、温度、重量，并通过用触摸方式判断物体属性的练习发展和提升儿童的感知能力。

在蒙台梭利触觉教育中，教具的设计至关重要。教具需具有刺激的针对性，即每一种教具只训练一种感知能力，以排除其他感觉的干扰，使儿童的感官能以最大的接受度去感知这种刺激，得到纯粹、清晰的感觉。例如，在触觉练习中，儿童会闭上眼睛，仅通过触觉器官来辨别物体的大小、形状、质地与重量，以便排除视觉的影响。这种设计使儿童能够全神贯注地工作，从而获得最大的发展价值。

此外，蒙台梭利触觉教育还遵循由具体到抽象的原则。教具的设计会尽量突出某一方面的特性，帮助儿童从具体的感官体验出发，逐步理解抽象的概念，促进他们的认知发展。

二、蒙台梭利触觉教育优势

（一）发展和细化触觉

通过蒙台梭利触觉教育，儿童能够更深入地感知物体的质地、形状等特征，从而发展和细化他们的触觉能力。

（二）提高精细动作能力

触觉练习需要儿童使用手指进行触摸、探索，这有助于提升他们的精细动作能力，如手眼协调能力等。

（三）锻炼解决问题的能力

在触觉教育中，儿童需要通过触摸和判断来解决问题，如分类、排序等，这有助于锻炼他们解决问题的能力。

（四）提升注意力和专注力

在数字化时代，很多孩子喜欢玩电子游戏或者看电视，难以集中精力完成手工活动或者阅读。而蒙台梭利触觉教育则需要儿童集中精力，认真观察、摸索，寻找相同或者不同之处。这可以帮助培养儿童的专注力和耐心，同时也可以锻炼他们的注意力和思考能力。这些能力对于孩子们的未来学习和生活都有着重要的作用。

（五）促进认知和思维能力的发展

通过触觉教育，儿童能够更深入地理解物体的属性和特征，进而促进他们的认知和思维能力的发展。

任务探索

温觉板

1. 探索活动：温觉板

温觉板活动的操作步骤及相关说明见表3-14。

表3-14　温觉板

操作步骤	步骤说明
操作1	取出一片毛毡，用整个手掌触摸
教师说	这是毛毡，摸起来感觉暖暖的
操作2	将毛毡放到工作毯上，再取来钢板，触摸后向儿童介绍
教师说	这是钢板，摸上去感觉凉凉的
操作3	最后拿起大理石板，触摸后向儿童介绍
教师说	这是大理石板，摸上去感觉比较冰
操作4	取不同温度的温觉板各一块放在工作毯上
操作5	在分别感知物体表面温度后，按"暖、温、凉、冰"的顺序触摸感知
教师说	暖的、温的、凉的、冰的，感受到它们的差别了吗

续表

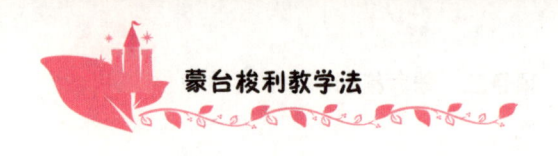

操作步骤	步骤说明
操作6	引导儿童依照先暖后冰的顺序,将温觉板按顺序排列
操作7	结束活动,收回教具和工作毯
错误纠正	用触觉和视觉订正

2. 活动分析

根据"温觉板"活动的操作过程,分析该活动的适用年龄、教育目的、兴趣点以及延伸操作,并填写活动分析表,如表3-15所示。

表3-15 活动分析表

考核项目	分析结果	评分
适用年龄		
教育目的		
兴趣点		
延伸操作		
总分		

》》》 能力进阶 NENGLI JINJIE

根据对"布盒"活动的教育目的、兴趣点等内容的分析,结合三阶段教学法,编写布盒活动的操作步骤(见表3-16),并尝试创造更多的延伸操作。

表3-16 布盒活动的操作步骤

活动过程	过程描述
操作步骤	
评分	

1. 活动准备

布盒(棉质、丝质、绒质、帆布、皮革、麻制等不同质地的布料各2块)、眼罩。

2. 适用年龄

3.5 岁以上。

3. 教育目的

（1）发展儿童的触觉及对布料名称的听说能力。

（2）通过触觉的感知能力将布料按照质地进行正确配对。

（3）获得布料的相关知识。

（4）锻炼儿童触觉的灵敏度和分辨力。

（5）为儿童书写做间接准备。

4. 兴趣点

不同布料特有的手感。

5. 延伸活动

（1）为布料配文字卡，与识字活动相结合。

（2）缩小布料的质地差距，增大难度。

（3）设计一场服装表演的主题活动，儿童穿上不同质地的衣服，体会不同质地的衣服带来的不同感受。

>>> 任务检测

一、自主设计

观看教具操作演示视频，梳理操作步骤，简单分析该教具的教育目的、兴趣点、注意事项，讨论该教具还有哪些延伸操作方法，并填写表 3-17。

表 3-17 教具操作分析

教具 （二维码视频）	操作步骤	教育目的	兴趣点	注意事项	延伸操作
神秘袋					
几何体教具					

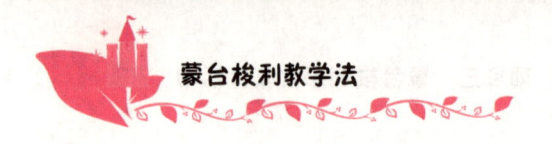

二、填写蒙台梭利教室观察记录表

1. 蒙台梭利教室观察记录表（展示工作部分）（见表3-18）

表3-18 蒙台梭利教室观察记录表（展示工作部分）

工作名称				
所属领域		触觉教育		
专注性	深入程度	高	中	低
	儿　童			
	比　例			
	持久程度	高	中	低
	儿　童			
	比　例			
独立性	思考能力	强	中	弱
	儿　童			
	比　例			
	行为能力	强	中	弱
	儿　童			
	比　例			
所属领域		触觉教育		
参与性	积极程度	高	中	低
	儿　童			
	比　例			
	参与效果	好	中	差
	儿　童			
	比　例			

注：本项观察评价指向：教师——掌控工作展示的能力，工作展示的效果等。儿童——工作展示中的专注性、独立性和参与性，对工作材料的敏感性，最近的发展领域及其阶段等。工作材料——对儿童的吸引力，展示以及投放的适宜性等。

2. 蒙台梭利教室观察记录表（自由工作部分·教具卷）（见表3-19）

表3-19 蒙台梭利教室观察记录表（自由工作部分·教具卷）

工作名称			观察记录日期		年 月 日	
所属领域			日常生活			
使用儿童		序号				
		儿童				
使用时间		长				
		中				
		短				
使用效果	与教师展示的吻合度	高				
		中				
		低				
	独立完成程度	高				
		中				
		低				
	反复操作次数	1				
		2				
		3				
		≥4				
	创造性使用情况	方法				
		广度				
		深度				
	收拾后的材料是否完整，摆放是否正确	高				
		中				
		低				
	是否正确归位	是				
		否				

注：本项观察评价指向：教具对儿童的吸引力，投放的适宜性；儿童发展的序列性；儿童对教具正确操作的掌握程度，儿童创造性操作教具的能力与效果；儿童心理与行为的发展指向；工作周期的形成性判断，工作常规的形成性判断等。

三、自由设计

根据本任务所学，帮助小美寻找日常生活中可作为触觉教育教具的物品，并设计简单的活动操作步骤。

任务三　听觉魔法

听觉教育是锻炼儿童听声音，使他们能够分辨出杂音同乐音的区别。蒙台梭利听觉教育的专用教具很少，但日常生活中可作为听觉教育的素材都很多。在进行听觉教学时要选择安静的场所，尽量避免儿童受到其他因素的干扰。

RENWU ZHUNBEI 任务准备

一、材料准备

听觉筒、音感钟。

二、认识教具

（一）听觉筒

（1）2个木盒中各装有6个圆筒，圆筒的盖子分别为红色和蓝色，如图3-7所示。

（2）两色圆筒内所放材料（如鹅卵石、沙子、黄豆、铁钉、大米、面粉等）是成对的。

（二）音感钟

一套音感钟乐器由两组音感钟组成，形成了全音和半音的八度音阶。两组音感钟完全相同，每组都有13个钟铃，代表从中音C到高音C的音阶。每个小钟铃都有固定底座，可独立使用，小钟铃的颜色与其相应底座的颜色一致。一组音感钟配有黑色和白色底座，与钢琴的黑键、白键相对应；另一组的底座是原木色，如图3-8所示。

图3-7　听觉筒

图3-8　音感钟

>>> 任务演示

听觉筒

听觉筒活动的操作步骤及相关说明见表3-20。

表3-20 听觉筒

操作步骤	步骤说明
第一次展示：听觉筒的配对练习	
操作1	介绍活动名称，拿取教具
操作2	把红、蓝色听觉筒盒放在工作毯的右边，取出红色盒子中的两个听觉筒（声音大小差别明显）放在工作毯上
操作3	拿出发声较大的听觉筒，摇晃三次，注意手腕用力，上下摇动
教师说	小朋友们仔细听，记住这个声音
操作4	再拿发声较小的听觉筒，摇晃三次，并提问
教师说	这两个听觉筒发出的声音是一样的吗？哪个声音大一些？哪个声音小一些
操作5	拿出蓝色听觉筒（声音大小差别明显的），重复操作
教师说	听，这两个听觉筒发出的声音，是一样的吗
操作6	与儿童一起，将声音大小一致的红、蓝色听觉筒放在一起，逐一配对，直到全部完成
教师说	让我们一起看看，我们给它们找到正确的小伙伴了吗
操作7	把听觉筒倒过来，检查底部的标志是否一样
操作8	收回教具，把听觉筒逐一放回盒中
注意	教师初次展示时，可只选择三对听觉筒，根据儿童的反应，逐一增加难度
错误纠正	教师在听觉筒底部所贴的错误控制点
第二次展示：听觉筒的排序练习	
操作1	介绍活动名称，拿取教具（红色为错误控制组，蓝色为配对组）
操作2	将红色听觉筒盒放在工作毯上，打开盒盖，把听觉筒随机散放在工作毯中央
操作3	拿起一个听觉筒放在耳边，手腕用力，上下摇动三次，听声音。再拿起一个听觉筒摇动
教师说	哪个听觉筒的声音大一些呀
操作4	比较两个听觉筒发出声音的大小，将声音大的放在左手边，声音小的放在右手边
操作5	再拿起一个听觉筒摇动，听声音并和前一个发出声音比较小的进行比较
操作6	以此类推，按照发出声音从大到小的顺序排列听觉筒
操作7	从大到小逐一摇动确认排列是否正确
操作8	收听觉筒，每收一个摇动一次听觉筒，并引导儿童说出声音的大小
教师说	声音最大的、声音最小的
错误纠正	教师在听觉筒底部所贴的错误控制点

>>> 任务解析

一、教育目的

（一）直接目的

（1）区分声音的大小变化。

（2）培养儿童辨别声音大小的能力，让听觉更加灵敏。

（二）间接目的

（1）让儿童认识到听觉器官的存在和作用。
（2）训练儿童听觉的灵敏度。
（3）为儿童分辨生活中不同的声音做准备。
（4）发展儿童对手腕肌肉的控制力和手腕的柔韧性。

二、适用年龄

3岁以上。

三、兴趣点

听觉筒里更换不同的材料。

四、注意事项

教师初次展示时，可只选择3对听觉筒，逐渐增加难度。

知识总结 ZHISHI ZONGJIE

一、原理

蒙台梭利听觉筒的教育目标是促进儿童的听力发展，提高声音辨别的能力。这一教具的设计旨在通过不同材质和内容的听觉筒，产生多样化的声音效果，帮助儿童锻炼听觉能力，并培养他们的注意力和专注力。

每个听觉筒内都装有不同材质和数量的物品，如豆类、米、沙等。当儿童摇动这些听音筒时，由于内部物品的种类和数量不同，其产生的声音效果也不同。这些声音变化能够激发儿童的好奇心，引导他们主动探索和辨别。

同时，蒙台梭利听觉筒的使用也遵循了由易到难、循序渐进的教育原则。教师会根据儿童的年龄和听力发展水平，选择合适的听觉筒组合，引导儿童从简单的声音辨别开始，逐渐提高难度，挑战他们辨听能力的极限。

二、优势

1. 提升听觉辨别能力

蒙台梭利听觉筒通过不同声音的组合和变化，帮助儿童锻炼听觉辨别能力，使他们能够更准确地区分声音的大小，提升听觉的灵敏度。

2. 培养专注力和注意力

使用听觉筒时，儿童需要集中注意力，仔细聆听每个听觉筒发出的声音，并进行辨别和比较。这一过程有助于培养儿童的专注力和注意力，提高他们的学习效果。

3. 促进语言和认知的发展

听觉是语言和认知发展的重要基础。通过听觉筒的练习，儿童能够更好地辨别和发出声音，促进语言的发展。同时，声音的变化和组合也能够激发儿童的想象力和创造力，促进他

们的认知发展。

4. 培养秩序感和自律性

在使用听觉筒的过程中，儿童需要按照一定的顺序和规则进行操作，这有助于培养他们的秩序感和自律性。同时，通过不断练习和尝试，儿童也能够学会自我调整和控制，提高自我管理能力。

〉〉〉任务探索 RENWU TANSUO

音感钟

1. 探索活动：音感钟

音感钟活动的操作步骤及相关说明见表 3-21。

表 3-21 音感钟

操作步骤	步骤说明
教师说	今天老师带来了一个漂亮的小玩具
操作 1	教师出示音感钟，白色的钟铃放在白色底座的后面，白色的控制组放一排，原木色的操作组放在白底色的板子上
操作 2	拿起木锤，手持木棒顶端，圆锤朝下
教师说	现在，请一位小朋友上来
操作 3	随意取一个原木色的钟铃，一只手拖着钟铃的底部，小心地将它放到桌子上
操作 4	用木锤敲击钟铃，然后听声音，直到声音消失
操作 5	用木锤示范给孩子看，可以重复敲击
操作 6	敲一次，儿童跟着敲一次，直到儿童掌握技巧
操作 7	逐渐退后观察儿童的操作
操作 8	等儿童完成后，教师要看着儿童小心地将钟铃放回原位
注意	（1）每次只能拿一样东西，先放回钟铃，再放回木锤； （2）教师需要注意用肢体语言表达对音感钟的爱惜； （3）儿童可以选择任何一个原木色的钟铃进行操作

2. 活动分析

根据"音感钟"活动的操作过程，分析该活动的适用年龄、教育目的、兴趣点以及延伸操作，并填写活动分析表，如表 3-22 所示。

表 3-22 活动分析表

考核项目	分析结果	评分
适用年龄		
教育目的		
兴趣点		
延伸操作		
总分		

能力进阶

听觉训练主要是使儿童习惯于辨别和比较声音的差别,在训练的过程中,逐步培养其审美和鉴赏能力。

请根据音感钟的特性,带领儿童进行更为复杂和综合的互动,并设计一个完整的互动方案。例如,用音感钟进行歌唱活动、用音感钟进行律动活动、用音感钟认识五线谱上的音符。

任务检测

一、填写蒙台梭利教室观察记录表

1. 蒙台梭利教室观察记录表(展示工作部分)(见表3-23)

表3-23 蒙台梭利教室观察记录表(展示工作部分)

工作名称				
所属领域	听觉教育			
专注性	深入程度	高	中	低
	儿 童			
	比 例			
	持久程度	高	中	低
	儿 童			
	比 例			
独立性	思考能力	强	中	弱
	儿 童			
	比 例			
	行为能力	强	中	弱
	儿 童			
	比 例			
参与性	积极程度	高	中	低
	儿 童			
	比 例			
	参与效果	好	中	差
	儿 童			
	比 例			

注:本项观察评价指向:教师——掌控工作展示的能力,工作展示的效果等。儿童——工作展示中的专注性、独立性和参与性,对工作材料的敏感性,最近的发展领域及其阶段等。工作材料——对儿童的吸引力,展示以及投放的适宜性等。

2. 蒙台梭利教室观察记录表（自由工作部分·教具卷）（见表3-24）

表3-24　蒙台梭利教室观察记录表（自由工作部分·教具卷）

工作名称			观察记录日期		年　月　日	
所属领域			日常生活			
使用儿童	序号					
	儿童					
使用时间	长					
	中					
	短					
使用效果	与教师展示的吻合度	高				
		中				
		低				
	独立完成程度	高				
		中				
		低				
	反复操作次数	1				
		2				
		3				
		≥4				
	创造性使用情况	方法				
		广度				
		深度				
	收拾后的材料是否完整，摆放是否正确	高				
		中				
		低				
	是否正确归位	是				
		否				

注：本项观察评价指向：教具对儿童的吸引力，投放的适宜性；儿童发展的序列性；儿童对教具正确操作的掌握程度，儿童创造性操作教具的能力与效果；儿童心理与行为的发展指向；工作周期的形成性判断，工作常规的形成性判断等。

二、自由设计

根据本任务所学，帮助小美寻找日常生活中可作为听觉教育教具的物品，并对操作步骤进行简要的描述。

任务四　味觉体验

味觉是新生儿最为发达的感觉，它具有保护生命的作用。味觉教育是训练用舌头来辨别各种味道。由于伴随着多种刺激呈现复杂的不确定性，因此在进行味道识别前要漱口，以保证对味道的充分感知。

>>> 任务准备

一、材料准备

味觉瓶、玻璃杯、小碗、勺子、水桶、餐巾纸、字卡、托盘、砂糖、盐、柠檬汁、醋、碳酸氢钠、工作毯等。应根据不同任务内容的要求，准备相应的材料。

二、认识教具

（1）4组瓶子，每瓶都配有1支滴管。一组瓶子的底部以红色圆点为标记并注明了甜、咸、苦、酸四种味道，另一组以蓝色圆点为标记且也注明了甜、咸、苦、酸。味觉瓶如图3-9所示。

（2）2个盛有温水的玻璃杯，2个小碗，2张餐巾纸上各放1把勺子，1个小水桶。

（3）教师自制字卡：甜、咸、苦、酸。

图3-9　味觉瓶

三、自制教具

教师需制作4种基本味道的溶液各2瓶，共8瓶，制作溶液的原材料如下。

（1）甜溶液：水中掺入砂糖。
（2）咸溶液：水中掺入精盐。
（3）苦溶液：水中掺入碳酸氢钠等无害药物。
（4）酸溶液：水中掺入柠檬汁或食用醋。

>>> 任务演示

味觉瓶

味觉瓶活动的操作步骤及相关说明见表3-25。

表3-25　味觉瓶

操作步骤	步骤说明
第一次展示：味觉瓶的配对练习	
操作1	介绍活动名称，拿取教具，并准备好桌子
操作2	请儿童漱口，洗手

续表

操作步骤	步骤说明
操作3	把放味觉瓶的托盘和装用具的托盘都搬到桌子上
操作4	教师坐在儿童的右侧，先拿一对味道相同的味觉瓶
操作5	教师拿出其中一个瓶子放在胸前，用右手拿起滴管顶部，从瓶中吸取少量溶液，滴在左手食指或手背，用舌头舔一舔
操作6	同样操作，滴一滴溶液在儿童手上，让儿童也尝一尝
教师说	记住这个味道了吗
操作7	拿取同组的另一个味觉瓶，相同操作
教师说	它们的味道是一样的
操作8	在另外几组味觉瓶中随机抽取，重复刚才的操作
教师说	味道是相同的，还是不同的
操作9	剩余味觉瓶同样操作，引导儿童将相同味道的味觉瓶配对，直到全部配对成功
错误纠正	以瓶底所贴记号判断
第二次展示：味觉瓶的名称练习	
操作1	将一组味觉瓶取出放在工作毯上
操作2	拿出其中一瓶，用滴管吸取溶液，滴于手背，用舌头舔一舔，并向儿童介绍
教师说	酸的，酸的，这是酸的
操作3	同样操作，滴一滴溶液在儿童手上，让儿童也尝一尝
操作4	依照相同的操作，进行其他味道瓶的练习，并依次命名为"甜的""苦的""咸的"
操作5	进行三阶段名称教学的辨别和发音，可配合字卡进行
操作6	收拾用具及味觉瓶，连同盘子一起放回原位
错误纠正	以瓶底所贴记号来判断

考点：七步洗手法

洗手掌：掌心相对，手指并拢相互揉搓。

洗手背侧指缝：手心对手背沿指缝相互揉搓，双手交换进行。

洗手掌侧指缝：掌心相对，双手交叉沿指缝相互揉搓。

洗指背：弯曲各手指关节，半握拳把指背放在另一手掌心旋转揉搓，双手交换进行。

洗拇指：一手握另一手大拇指旋转揉搓，双手交换进行。

洗指尖：弯曲各手指关节，把指尖合拢在另一手掌心旋转揉搓，双手交换进行。

洗手腕、手臂：揉搓手腕、手臂，双手交换进行。

每一步骤应持续至少15秒，并要在流动的水下进行，以确保手的每个部分都得到充分的清洁。在洗手过程中，要注意使用适量的洗手液或肥皂，并确保冲洗干净，没有任何残留物。洗完后，用干净的毛巾或纸巾擦干双手，防止手在擦干过程中再次受到污染。

任务解析

一、教育目的

（一）直接目的

感受不同的味道，并将瓶中的味道进行正确的配对。

（二）间接目的

（1）让儿童认识味觉器官的存在和作用。

（2）发展儿童味觉的灵敏度。
（3）为儿童分辨生活中不同的味道做准备。
（4）丰富儿童的生活经验。

二、适用年龄

3.5岁以上。

三、兴趣点

不同味道的体验。

四、注意事项

准备的品尝材料必须是新鲜且符合健康标准的。

知识总结

一、蒙台梭利味觉教育的原理

蒙台梭利味觉教育的原理主要是刺激儿童的味觉器官，发展其味觉器官的敏锐度，进而促进儿童对味觉的认知从感性理解到理性理解的转变。蒙台梭利主张让孩子去品尝酸、甜、苦、咸四种基本味道，因为这是舌头所能感受到的四种主要味道。在品尝各种味道之前，蒙台梭利还要求儿童先漱口，以避免味道混淆，这也是进行卫生教育的好机会。此外，蒙台梭利还建议儿童从日常三餐中练习味觉与嗅觉，认为这是训练这两种感觉最自然的时机。

二、蒙台梭利味觉教育的优势

（一）促进感官发育

通过味觉训练，儿童可以学会辨识不同的味道，提高味觉器官的灵敏度，这有助于儿童更好地感知和理解周围世界。

（二）提升综合能力

味觉教育并不局限于味觉本身，还能发展儿童的专注力、协调性、秩序感和独立性等综合能力。

（三）培养良好的卫生习惯

在味觉训练过程中，蒙台梭利要求儿童先漱口，这有助于儿童养成良好的卫生习惯。

（四）促进全面发展

味觉教育是儿童感官教育的重要组成部分，通过与其他感官教育相结合，可以培养物质身体与精神身体全面协调发展的儿童。

能力进阶

味觉训练是指通过有意识地接触和体验各种味道，来提高味觉感受能力和识别能力的过程。味觉训练的重要性在于，它有助于我们更好地欣赏和享受食物，同时还能够拓宽我们的味觉领域。对儿童来说，味觉训练不仅可以帮助他们学会辨识不同的味道，发展味觉器官的灵敏度，还可以提升他们的专注力、协调性和独立性等综合能力。

根据味觉瓶的操作原理，在以下两种味觉教育操作活动中选取一种进行完整的操作方案设计。

（1）食物与味道的连接练习：制作生活中儿童经常接触的、有各种食物味道的溶液，让儿童分辨是哪一种食物，并从不同的容器中找出味道相同的食物。例如，教师可以选择橘子，并提问："这个味道酸酸的水果，是什么？"

（2）了解舌头各个部位能感受到的不同味道。选取常见味道，让儿童用舌头的不同部位感受不同的味道。

>>> 任务检测

分析你在"能力进阶"中设计的活动操作方案，详细说明该方案的操作步骤、教育目的、兴趣点、注意事项和延伸操作，填写表3-26。

表3-26　活动操作方案分析

方案	操作步骤	教育目的	兴趣点	注意事项	延伸操作

>>> 任务升级

一、填写蒙台梭利教室观察记录表

1. 蒙台梭利教室观察记录表（展示工作部分）（见表3-27）

表3-27　蒙台梭利教室观察记录表（展示工作部分）

工作名称				
所属领域	味觉教育			
专注性	深入程度	高	中	低
	儿童比例			
	持久程度	高	中	低
	儿童比例			
独立性	思考能力	强	中	弱
	儿童比例			
	行为能力	强	中	弱
	儿童比例			

续表

所属领域	味觉教育			
参与性	积极程度	高	中	低
	儿童比例			
	参与效果	好	中	差
	儿童比例			

注：本项观察评价指向：教师——掌控工作展示的能力，工作展示的效果等。儿童——工作展示中的专注性、独立性和参与性，对工作材料的敏感性，最近的发展领域及其阶段等。工作材料——对儿童的吸引力，展示以及投放的适宜性等。

2. 蒙台梭利教室观察记录表（自由工作部分·教具卷）（见表 3-28）

表 3-28 蒙台梭利教室观察记录表（自由工作部分·教具卷）

工作名称			观察记录日期	年 月 日
所属领域			日常生活	
使用儿童	序号			
	儿童			
使用时间	长			
	中			
	短			
使用效果	与教师展示的吻合度	高		
		中		
		低		
	独立完成程度	高		
		中		
		低		
	反复操作次数	1		
		2		
		3		
		≥4		
	创造性使用情况	方法		
		广度		
		深度		
	收拾后的材料是否完整，摆放是否正确	高		
		中		
		低		
	是否正确归位	是		
		否		

注：本项观察评价指向：教具对儿童的吸引力，投放的适宜性；儿童发展的序列性；儿童对教具正确操作的掌握程度，儿童创造性操作教具的能力与效果；儿童心理与行为的发展指向；工作周期的形成性判断，工作常规的形成性判断等。

二、自由设计

根据本任务所学,帮助小美寻找日常生活中可作为味觉教育教具的物品,并设计一个简单的活动操作步骤。

提示:关注生活中各种饮料的味道。

任务五　嗅觉体验

嗅觉教育是训练用鼻子来辨别各种不同气味,通过练习提高嗅觉的灵敏度。可以利用日常生活中的食物来进行训练。

>>> 任务准备

一、材料准备

嗅觉筒、工作毯、字卡等。

二、认识教具

(1)嗅觉筒两组(见图3-10),每组各6只。
(2)事先准备不同气味的东西放入筒中。
(3)一组筒底以红色圆点为标记并注明气味名称,一组以蓝色圆点为标记并注明气味名称。

图3-10　嗅觉筒

>>> 任务演示

嗅觉筒

嗅觉筒活动的操作步骤及相关说明见表3-29。

表3-29　嗅觉筒

操作步骤	步骤说明
第一次展示:嗅觉筒的配对练习	
操作1	介绍活动名称,拿取教具
操作2	教师先取红色标记中的一只嗅觉筒,打开盖子放在鼻子下面,左手拿筒,右手轻轻扇动,使气味飘到鼻子内,深吸气,感知气味
操作3	盖好盖子放下,记住这个气味,把筒放在左边
操作4	从操作组(蓝色标记的筒)中找到和它一样味道的,用同样的方式进行感知
教师说	它们的味道是一样的

续表

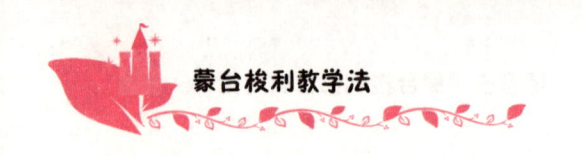

操作步骤	步骤说明
操作 5	请一名儿童尝试，仿照刚刚教师的操作，闻一闻气味
教师说	你能找出和这个气味一样的嗅觉筒吗
操作 6	同样操作，依次将其他嗅觉筒的气味进行配对
操作 7	整理教具，拧紧盖子
第二次展示：嗅觉筒的名称练习	
操作 1	取出 2 个不同气味的嗅觉筒放在工作毯上
操作 2	感知后，命名"香的，香的，这是香的"。再感知另一个，命名"臭的，臭的，这是臭的"
操作 3	请儿童进行感知
教师说	把装有香气味的筒递给老师好吗？／这个里面是什么味道的
操作 4	进行三阶段名称教学的辨别和发音，可配合字卡进行
操作 5	整理教具，拧紧盖子
错误纠正	自身的辨别能力和瓶底的红蓝记号

任务解析

一、教育目的

（一）直接目的

（1）辨别各种气味，让儿童的嗅觉变得更加灵敏。

（2）感受不同的气味，并根据筒内的气味正确配对。

（二）间接目的

（1）让儿童认识嗅觉器官的存在和作用。

（2）锻炼儿童嗅觉的灵敏度。

（3）为儿童分辨生活中不同的气味做准备。

二、适用年龄

3.5 岁以上。

三、兴趣点

各种不同的味道。

四、注意事项

（1）禁止使用刺激性气味。

（2）使用正确闻气味的方法。

（3）应选择在生活中能够闻到的气味，如水果的香气。

（4）了解儿童是否对某种气味过敏。

（5）木质的嗅觉筒会吸收气味，因此一旦将香精投放在某个筒内，则不应再更换。

知识总结

嗅觉教育的原理是通过训练儿童的嗅觉，提高他们对不同气味的识别和区分能力。这不仅有助于儿童更好地认识和理解周围的环境，而且还能够发展他们的认知和感官协调能力。通过嗅觉教育，儿童可以学会辨别各种不同的气味，如花朵、香水、咖啡等的气味，这种训练有助于锻炼他们感官的灵敏度和观察能力。

1. 促进感官协调

嗅觉教育有助于儿童感官的全面发展，使得嗅觉与其他感官如视觉、听觉等更加协调。

2. 增强认知能力

通过嗅觉的锻炼，儿童可以更好地理解和记忆不同的气味，这有助于提高他们的认知能力和记忆力。

3. 培养细致的观察力

嗅觉教育鼓励儿童通过嗅觉去探索和识别环境，这有助于培养他们的细致观察力和对环境的敏感度。

4. 为数学学习打基础

蒙台梭利教育中的感官教育，包括嗅觉教育，可为儿童日后的数学学习打下基础，通过感官的配对、分类、排序等活动，培养逻辑思维能力和对数学概念的认知。

5. 促进智力的发展

蒙台梭利认为感官教育是智力发展的基础，通过感官训练可以使儿童对事物的印象更加深刻和清晰，为后续的学习打下良好的基础。

6. 个性化学习

蒙台梭利教育强调个别化教学，嗅觉教育可以根据每个儿童的不同特点和需求进行调整，以适应他们的学习节奏。

7. 培养自主学习能力

在蒙台梭利教室中，儿童可以自由选择嗅觉教具进行操作，这种自主的学习方式有助于培养他们的学习兴趣和自主学习能力。

能力进阶

嗅觉教育在实际操作中，可以通过让儿童接触并辨别各种气味来实现。比如，使用不同的香料、花草、食物等物品，让儿童嗅闻并尝试描述所感受到的气味，从而锻炼他们的嗅觉能力。此外，还可以引导儿童通过嗅觉来识别不同的物品，比如，让他们闭上眼睛，通过嗅闻来分辨出是哪种食物或香料。

根据嗅觉筒的操作原理，在以下三种嗅觉教育操作活动中选取一种，进行完整的活动操作方案设计。

（1）闭上眼睛，根据闻到的气味说出物体名称。再睁开眼睛，判断所说物体与实物是否对应。

（2）根据嗅觉筒内的气味，在筒上做文字或图片说明。

（3）感受生活中如酱油、醋等容易闻到气味的东西的味道，并描述感受。

任务检测

一、自主设计

分析你在"能力进阶"中设计的活动操作方案，详细说明该方案的操作步骤、教育目的、兴趣点、注意事项和延伸操作，并填写表3-30。

表3-30 活动操作方案分析

方案	操作步骤	教育目的	兴趣点	注意事项	延伸操作

二、填写蒙台梭利教室观察记录表

1. 蒙台梭利教室观察记录表（展示工作部分）（见表3-31）

表3-31 蒙台梭利教室观察记录表（展示工作部分）

工作名称				
所属领域	嗅觉教育			
专注性	深入程度	高	中	低
	儿童比例			
	持久程度	高	中	低
	儿童比例			
独立性	思考能力	强	中	弱
	儿童比例			
	行为能力	强	中	弱
	儿童比例			
参与性	积极程度	高	中	低
	儿童比例			
	参与效果	好	中	差
	儿童比例			

注：本项观察评价指向：教师——掌控工作展示的能力，工作展示的效果等。儿童——工作展示中的专注性、独立性和参与性，对工作材料的敏感性，最近的发展领域及其阶段等。工作材料——对儿童的吸引力，展示以及投放的适宜性等。

2.蒙台梭利教室观察记录表（自由工作部分·教具卷）（见表3-32）

表3-32　蒙台梭利教室观察记录表（自由工作部分·教具卷）

工作名称			观察记录日期		年　月　日	
所属领域			日常生活			
使用儿童	序号					
	儿童					
使用时间	长					
	中					
	短					
使用效果	与教师展示的吻合度	高				
		中				
		低				
	独立完成程度	高				
		中				
		低				
	反复操作次数	1				
		2				
		3				
		≥4				
	创造性使用情况	方法				
		广度				
		深度				
	收拾后的材料是否完整，摆放是否正确	高				
		中				
		低				
	是否正确归位	是				
		否				

注：本项观察评价指向：教具对儿童的吸引力，投放的适宜性；儿童发展的序列性；儿童对教具正确操作的掌握程度，儿童创造性操作教具的能力与效果；儿童心理与行为的发展指向；工作周期的形成性判断，工作常规的形成性判断等。

三、自由设计

根据本任务所学,帮助小美寻找日常生活中可作为嗅觉教育教具的物品,并对操作步骤进行简要的描述。

项目总结

蒙台梭利发现儿童具有吸收性心智,这种吸收性心智最初是幼儿在无意识的状态下,借由感官将吸收到的外界印象纳入自己的生命体系中。随着年龄的增长,3岁以后的儿童逐渐变成有意识地去吸收外界的事物,对儿童而言,这种感觉活动是愉快的,他们运用感觉来认知生命的发展。鉴于感觉活动对儿童的重要性,蒙台梭利开始了一系列的训练课程,使得感官教育在"儿童之家"的教学结构中占据了无可取代的地位。

蒙台梭利认为,3~6岁是儿童发展的敏感期,也是感觉活动和认知活动相辅相成的时期,这个时期儿童的感觉在不断发展,开始能观察周围的环境,来自事物的刺激吸引着他们的注意力。在这个时期,教师可直接用感觉刺激法促使儿童的感知觉得到合理的发展,同时也为他们建立积极的心理状态打下基础。蒙台梭利在她创建的儿童感官教育体系中设计了完整的包括视觉、触觉、听觉、味觉、嗅觉的感官训练教具,这也成为蒙台梭利教育体系中最重要、最有特色的一部分。

蒙台梭利感官教育是指以能刺激感觉生成的一系列科学教具为媒介,有目的、有计划地形成与发展儿童的感知觉能力和观察能力,让儿童能正确运用感官认识周围环境的教育活动。

感官教育是蒙台梭利教育取得成功的基石。蒙台梭利认为感官是心灵之窗,是一切教育的基础,感官训练的目的不在于让儿童认识物体的颜色、形状和不同性质,并不是试图让儿童的眼睛成为摄像机的镜头,将看到的全部事物一览无遗地全部拍摄下来,也不是想让儿童的耳朵成为一台高保真的录音机,将听到的最微小的声音全部录下来,而在于通过注意观察、比较和判断练习,丰富其感觉,使儿童能够在感觉生成的基础上,获得高层次的精神活动的发展。其意义在于以下几个方面。

第一,蒙台梭利感官教育促进儿童的精神发展与人格形成。

蒙台梭利认为,每名儿童都具有一股与生俱来的精神力量,这可以从儿童的潜在能力或自发性的活动力中得到印证,这是人类特有的潜能。蒙台梭利认为这种高层次的精神(智能)活动的发展,必须以感觉的发展为基础。3~6岁不仅是儿童身体快速发育的阶段,同时也是感觉活动和认知活动相辅相成的时期,所以,他们在此阶段必须发展各种感觉;要发展感觉,就必须通过感官教育。感觉器官在受到环境的刺激之后,会把这个刺激传达到脑部,再由知觉神经传达到肌肉,使之产生运动,这一连串反复进行的感觉运动使得儿童的精神力量通过肉体的活动加以表现,使儿童的肉体与精神合二为一,最终促进儿童精神的发展。儿童也正是通过感觉从环境中吸收对自己的成长和发展有意义的东西,接受丰富多彩的外部世界的陶冶,使自己对周围环境的态度更加积极,从而形成正确的概念和价值判断,培养出自发集中的注意力、良好的观察力,养成主动思考的习惯以及正确的行为习惯。这一切都是儿童良好人格形成的基础。

第二，蒙台梭利感官教育为儿童智力与创造力的发展奠定基础。

蒙台梭利认为，"感官代表着和环境的接触点，人们可由此探索世界，开辟一条通往知识的路……我们用在感官上的教具，就是提供给儿童一把钥匙，引导他们探索这个世界"，也就是说，接受过感官教育的儿童可以看见未接受过感官教育的儿童看不到的事物。儿童的智力发展，首先要靠这种可以直接领会、把握或认知一些物质对象的能力，这样才能帮助儿童将已经掌握或领会的事物抽象化成感觉知识。想象的真正基础是事实，因此想象就必须和精确的观察联系起来。也就是说，需要让儿童在一种准备好的环境中亲自去感知，并在概念形成的基础上进行一定的推理，再任他自由地创造。正如蒙台梭利所言，"……如果我们把感官锻炼得更灵敏，那么即使只是属于芸芸众生的一点短暂的成就，也具有极大的价值，因为就在这一刻，个体发展出了基本的概念，形成了智能的模式"；同时，儿童原有的能量会激发他们的创造力，从而产生更强烈的探索心理。

第三，蒙台梭利感官教育能丰富儿童的文化世界，增强其探索欲。

蒙台梭利认为，接受过感官教育的儿童，他们对一切事物都具有观察及探求的兴趣，就是这种想要探索世界的感觉开启了人类的知识之门。这种能教导儿童什么是感觉的教具，给儿童提供了探索世界的指南，使儿童常常会有发现新事物的喜悦。当儿童的"内心秩序感因接触感觉教具而有所萌发时，他们就会透过具体的物唤醒内心的'数'性秩序……蒙台梭利'将感觉教具称为被具体化的抽象'，意思就是感觉教具除了是拓展'数'的世界的出发点，还具有概念孤立化的特征，也就是教具中的每一项都涵盖一个特定的、正确的概念……感觉教具不但可使视觉感受到的事实孤立化，还可以使概念（语言）孤立化，蒙台梭利教具和语言、感觉结合之后可以为儿童拓展更丰富的语言世界……也可以为儿童打开通往音乐、地理、物理、化学及文化世界的大门"。

蒙台梭利感官教育的价值体现在其是让儿童从日常生活教育过渡到数学、语言、科学文化教育的必经之路，在蒙台梭利的教育体系中具有承上（日常生活教育）启下［语言、数学（算术）、科学文化教育］的核心地位。承上——这是因为感官教育是以日常生活练习中的基本动作能力、意志力、所养成的生活习惯与态度、师幼之间的信赖关系为起点，这些能力在进行感官教育活动时是必不可少的要素，儿童可以自如地运用在日常生活教育中养成的"独立自主"及"自发性"来进行活动。启下——这是因为"感觉的发展是在高等智能活动之前，或者感觉活动是和智能的形成并行的"，感官教育为儿童准备了一个能让他们明确建立认知系统的基础，即概念的形成必须依赖感觉的操作练习。

蒙台梭利感官教育的内容如表3-33所示。

表 3-33　蒙台梭利感官教育的内容

分类		操作步骤	内容
视觉教育	大小	插座圆柱体组	高—矮、粗—细、大—小，以及高矮与粗细的组合
		粉红塔	大—小
		棕色梯	粗—细
		长棒	长—短
		彩色圆柱体组	高—矮、粗—细、大—小，以及高矮与粗细的组合
	颜色	色板	颜色的种类和深浅
	形状	几何圆形嵌板	各种平面几何图形：圆、三角形、四边形、多边形、曲线
		几何学立体组	基本的几何学立体：球体、椭圆体、卵球体；圆柱体、正方体、长方体、三棱体；三棱锥、四棱锥
		构成三角形	由三角形的种类及三角形的组合构成
	其他	二项式	颜色和大小等要素的应用
		三项式	颜色和大小等要素的应用
触觉教育	肤觉	触觉板	物体表面的粗糙—光滑
		温觉筒	热的—温的—凉的—冰的
	重量感觉	重量板	轻—重
	温觉	温觉板	暖—温—凉—冰
		温觉筒	热—温—凉—冰
	实体认识	神秘袋	形状、粗滑、凹凸等
	感觉	几何学立体组	基本的几何学立体：球体、椭圆体、卵球体；圆柱体、正方体、长方体、三棱体；三棱锥、四棱锥
听觉教育	听觉	听觉筒	杂音（噪声）的强、弱
		音感钟	音的高、低
味觉教育	味觉	味觉瓶	酸、甜、苦、咸等基本的味道种类
嗅觉教育	嗅觉	嗅觉筒	各种具体物品的味道

问题解析

问题一

在一个蒙台梭利幼儿园中，教师注意到4岁的小明在触觉方面存在一些问题，他害怕接触新的物体，尤其是那些表面粗糙或者质地陌生的物品。为了帮助小明克服这个困难，教师决定采用蒙台梭利感官教育法来进行干预。

第一步：提供触觉材料。教师为小明准备了一系列不同质地和形状的触觉材料，如砂纸、海绵、布料等。这些材料都是经过精心挑选的，旨在帮助小明逐渐适应并熟悉不同的触觉刺激。

第二步：逐步引导。教师首先让小明接触那些质地较为柔软、熟悉的材料，如海绵和棉布。在小明逐渐适应后，再逐步引入质地较粗糙或陌生的材料，如砂纸和塑料。

第三步：观察与记录。在整个过程中，教师仔细观察小明的反应，并记录下他的进步和变化。教师发现，随着时间的推移，小明对触觉材料的恐惧感逐渐减轻，他开始愿意主动探索并接触更多的材料。

经过一段时间的触觉训练，小明的触觉能力得到了显著提升。他不再害怕接触新的物体，反而对它们充满了好奇心。同时，他的自信心也得到了增强，他开始更愿意参与集体活动，与其他小朋友一起玩耍。

解析： 这个案例展示了蒙台梭利感官教育法在实践中的应用效果。通过提供适宜的触觉材料，并采用逐步引导的方式，教师成功地帮助小明克服了触觉困难，提高了他的触觉能力。这一案例也证明了蒙台梭利感官教育法在儿童感官发展方面的有效性。

问题二

在蒙台梭利视觉教育教具粉红塔的操作过程中，儿童总是把垒好的塔推倒，然后再垒起来，教师指出问题后儿童也控制不住自己。

粉红塔的变化极易吸引儿童的注意力，这正是蒙台梭利教具引起儿童自发注意力的一种体现。可以给儿童充分的时间和空间，让儿童自由组合、自由发挥，创造粉红塔的其他操作方法。

教师在对粉红塔的基本操作进行演示后，可以请儿童造塔，同时鼓励儿童创造出和其他小朋友不一样的塔。教师随即用相机拍下来，然后让儿童欣赏，看看各自垒出的塔有什么不一样，如何进行塔的修正。结果，儿童的兴趣特别高，也不再轻易把造好的塔毁掉了。

解析： 教具的变化极易引起儿童的兴趣，儿童可在教具的不断变化中找出操作上的乐趣。儿童在反复推倒再建的过程中，操作动作更娴熟，创造力逐步发展；在跪下、起立的搭建过程中，儿童的大肌肉也得到锻炼。

项目思考

为小美设计一次综合感官教育活动，并讨论以下问题。
（1）生活中哪些事物是与感官相联系的？
（2）不同的感官对儿童的重要性是什么？如何教会儿童保护自己身体的各种器官？

行业楷模

一切为了儿童，为了儿童的一切

陈鹤琴出生于1892年3月5日，逝世于1982年12月30日，是中国著名儿童教育家、儿童心理学家、教授，中国现代幼儿教育的奠基人。他虽出身贫寒，但矢志不渝，考入了国立清华大学（现清华大学前身），毕业后公费留学美国五年，于1919年获哥伦比亚大学硕士学位。

陈鹤琴于1940年在江西省创立实验幼稚师范学校时提出："首先要了解儿童心理，认识儿童，才能谈到教育儿童，这是'活的教育''活教育'思想。"

陈鹤琴的"活教育"思想包括三个理论：目的论、课程论、教学论。

一、目的论

陈鹤琴曾言："活教育的目的是做人，做中国人，做现代中国人。"首先，陈鹤琴认为，学校教育的根本任务不仅仅是传授知识，更重要的是培养孩子如何"做人"。其次，除了做人的层面，我们还必须要拥有爱国精神，无论身处哪一个时代，爱国都是十分必要的。最后，我们要全面发展，不断增强自身能力，做好现代中国人。这便是陈鹤琴"活教育"思想的目的论。

二、课程论

活教育中十分重要的是课程设计，即课程论。陈鹤琴反对传统教材"书本中心"的思想，倡导一种"大自然、大社会都是活教材"的课程论。

陈鹤琴指出：课程的中心是环境，课程的结构应是五指活动，课程的实施要进行单元教学、整个教学法、游戏式的教学。儿童在与自然、社会的直接接触中，在亲身观察中获取经验和知识，让自然、社会、儿童生活和学校教育内容形成有机联系的整体。这种整体化的环境是最有效的课程中心。

三、教学论

"活教育"的教学论源于陈鹤琴提出的"做中教，做中学，做中求进步"，他强调以"做"为基础，确立儿童在教学活动中的主体性。鼓励儿童积极"做"的同时，教师要进行有效的指导，从各个方面调动儿童学习的积极性。这个过程有四个步骤：实验观察、阅读思考、创作发表、批评研讨。

"活教育"是一个具有跨时代意义的教育思想，无论是目的论、课程论，还是教学论，都给现代教育以启发。

陈鹤琴曾言："一切为了儿童，为了儿童的一切。"作为将要从事教育事业的新生代力量，我们除了向陈鹤琴这样的教育家学习、致敬以外，更要结合当前的时代背景，不断丰富教育内涵，不断创新，努力培养全面发展的时代接班人。

项目四
蒙台梭利语言教育活动

　　蒙台梭利博士认为，语言的学习要顺应自然发展的规律，如儿童在语言交往的过程中就能自然地习得母语。蒙台梭利语言教育是一种全语言课程，也称为过程语言教育，它涵盖了听、说、写、读等多个方面。通过这种教育方式，儿童可以通过对实物的描述促进语言表达能力的发展，再辅以文字活动来培养阅读能力，为将来的书写做好准备。这种教育方式不仅强调对儿童的母语教学，还注重培养他们对多种语言特别是英语的学习。

　　在语言教育活动中，教师会运用多种方法，如讲故事、唱儿歌、对话、复述等，来刺激儿童听、说、读的意识，培养他们的语言表达能力、阅读能力和书写能力。蒙台梭利还特别提出了"三阶段教学法"，让儿童掌握一些词语，并将词语与动作、现象相结合，这是蒙台梭利语言教育的特色之一。

项目情境

　　花花幼儿园要举办语言类的活动，小美老师设计了"词语宝藏寻找"这一环节。在这个环节的活动中，小美老师设置了一些障碍和线索，引导儿童通过团队合作找到隐藏的词语宝藏。这些宝藏是一些与故事主题相关的词语卡片，儿童需要运用自己的智慧和勇气，通过解密、拼图等方式找到它们并用这些词语创编一个故事。创作完成后，每名儿童都有机会站在一个装饰成舞台的区域，用自己的语言将故事分享给大家。其他小朋友和教师会认真倾听，给予掌声和鼓励。通过这个环节，儿童不仅可以锻炼自己的口语表达能力，还能学会欣赏和尊重他人的创作。活动最后，教师会准备一些小礼物作为对儿童的奖励，以表彰他们在活动中的努力和表现。同时，教师也会鼓励儿童将这次活动的经历带回家，与家人分享自己的故事和收获。

　　你认为小美老师的活动设计得合理吗？你有更好的想法吗？

项目目标

知识目标

掌握蒙台梭利语言教育的内容、特点。

技能目标

掌握蒙台梭利经典语言教具的操作方法。

理解并掌握语言教育的方法。

素质目标

探索蒙台梭利语言教育的价值。

任务一　聆听童心

蒙台梭利曾说:"当各种不同的声响杂乱地传进儿童的耳朵里时,某些富有魅力和吸引力的声音被突然而又清晰地听到了。这时尚未有推理能力的心灵听到了一种音乐,这种音乐充满了他的整个世界。"

RENWU YANSHI 任务演示

一、肃静练习

肃静练习活动的操作步骤及相关说明见表4-1。

表4-1　肃静练习

操作步骤	步骤说明
操作1	邀请儿童
教师说	今天我们要进行一个特别的活动
操作2	教师让自己的头或者是手、脚等保持不动
教师说	小朋友们,你们看老师的头或手、脚是不是完全不动
操作3	请儿童练习,注意给其明确的开始和结束的指令。例如,教师吹响哨子便是开始,就必须保持不动,当教师再次发出指令则表示结束
操作4	按照刚才约定的指令让儿童重复练习,在此过程中教师也必须和儿童一样保持静止不动
操作5	更换不同的身体部位,按步骤1~3的操作方式继续练习
操作6	根据儿童的兴趣以及保持肃静的耐力,变换不同的身体部位,最后练习全身不动,并且逐渐延长静止的时间

二、听指令做动作

听指令做动作活动的操作步骤及相关说明见表 4-2。

表 4-2 听指令做动作

操作步骤	步骤说明
教具准备	相关动作的指令卡
操作 1	邀请一组儿童围坐在室内蒙氏线上
教师说	教师逐一发出指令,如"请摸摸你的头""请摸摸你的肩膀""请指一指眼睛在哪里"……请儿童按照指令做动作
操作 2	等儿童熟悉活动后,教师可变换指令和方式,增加难度与趣味性,如根据指令做相反动作的游戏
操作 3	请一名儿童发出指令,其他儿童做动作

三、寻声游戏

寻声游戏活动的操作步骤及相关说明见表 4-3。

表 4-3 寻声游戏

操作步骤	步骤说明
教具准备	眼罩、乐器
操作 1	邀请一组儿童持多件相同的乐器围坐成一圈
操作 2	另请一名儿童戴上眼罩站在圈中
操作 3	教师请拿乐器的幼儿奏响乐器(每次请一名儿童)
操作 4	请戴眼罩的儿童辨别声音的方位

四、神秘袋游戏

神秘袋游戏活动的操作步骤及相关说明见表 4-4。

表 4-4 神秘袋游戏

操作步骤	步骤说明
教具准备	自制神秘袋、袋中装有生活中常见的物品、字卡
第一次展示:摸物品说名称	
操作 1	邀请儿童,介绍活动名称
操作 2	取来教具,请儿童摸神秘袋中物品并说出名称,要求依次摸出物品、说出名称,直至袋中最后一个物品。将全部物品从袋中取出并摆放在桌子上
操作 3	脱离实物,请儿童按刚才摸出物品的顺序说出物品名称
操作 4	请第二名儿童按物品顺序说出名称
操作 5	将实物与字卡配对
操作 6	脱离实物拿出字卡,进行字卡的三阶段名称教学
第二次展示:找出缺少了什么	
操作 1	邀请两名儿童,介绍活动名称
操作 2	把物品摆出,让儿童先观察,请一名儿童闭上眼睛,另一名儿童藏起几件物品。藏好后闭眼儿童睁开眼睛
教师说	什么不见了

续表

操作步骤	步骤说明
操作 3	请刚才闭眼的儿童说出不见的物品
第三次展示：排序	
操作 1	邀请儿童，介绍活动名称
操作 2	教师把物品排成一列
教师说	请小朋友们用 10 秒钟时间观察摆放顺序
操作 3	让儿童闭上眼睛，教师将物品顺序打乱
操作 4	请儿童睁开眼睛，让儿童把物品按之前的顺序重新排列好
操作 5	收回教具，结束活动

任务解析

一、解析肃静练习

（一）教育目的

1. 直接目的

（1）使儿童学会安静，养成认真倾听的习惯。

（2）培养儿童的身体协调能力。

2. 间接目的

（1）培养儿童为营造安静的环境所必需的人际协调能力。

（2）培养儿童的专注力，让儿童感受时间的飞逝。

（二）适用年龄

2.5 岁以上。

（三）兴趣点

保持静止不动。

（四）注意事项

保持静止的时间可以逐渐延长。

（五）延伸操作

（1）和儿童进行带有肢体名称的儿歌律动，如"头、肩膀、膝盖、脚……""一个拇指动一动……""左三圈、右三圈，脖子扭扭、屁股扭扭……"，加强儿童对肢体的概念认知和控制。

（2）"一二三，木头人"：这是一个传统的团体游戏，4 岁以上的儿童就可以玩得很好，让儿童练习保持一段时间静止不动。

二、解析听指令做动作

（一）教育目的

1. 直接目的

（1）培养儿童的听觉专注力，训练其反应能力。

（2）培养儿童的身体协调性。

2. 间接目的

让儿童认识五官及身体各部分。

（二）适用年龄

3岁以上。

（三）兴趣点

保持静止不动。

（四）注意事项

（1）可请儿童通过互相帮助完成活动，锻炼儿童的协作能力。

（2）在发出指令让儿童做动作时，应注意安全，防止儿童间发生身体碰撞或冲突。

（3）必要时，教师可边发指令边示范。

（五）延伸操作

根据儿歌卡进行听指令做动作的活动。

（1）准备儿歌卡及相关动作指令卡。

（2）请儿童手拉手围成一个圆圈按预定的方向走，边走边唱儿歌。唱完一遍后，教师拿出指令卡，请一名儿童做动作，再拿出第二张指令卡，依次进行。

三、解析寻声游戏

（一）教育目的

1. 直接目的

锻炼儿童辨别声音方位的能力。

2. 间接目的

提高儿童的专注力、思考和反应能力。

（二）适用年龄

2.5岁以上。

（三）兴趣点

依据声音辨别方位。

（四）注意事项

（1）开展活动的时候，要避免不安全因素，以免戴眼罩的儿童被绊倒。

（2）每次活动只请一名儿童发出声音，其他儿童要保持安静，以保证戴眼罩的儿童能更准确地判断出声音发出的位置。

（五）延伸操作

可以准备乐器与声音配对。

四、解析神秘袋游戏

（一）教育目的

1. 直接目的

词语练习、口语表达练习。

2. 间接目的

提高儿童的语言表达能力、逻辑思维能力。

（二）适用年龄

3岁以上。

（三）兴趣点

放在神秘袋中的物品。

（四）注意事项

（1）教师可通过特定的语气营造神秘的氛围，提高儿童对活动的兴趣，使其更好奇神秘袋中的物品。

（2）要引导儿童积极思考，不要急于告诉他们答案。

（3）活动过程中要注意引导儿童使用丰富的形容词。

（五）延伸操作

更换袋子里的物品继续活动。

知识总结

一、蒙台梭利语言教育的内容

蒙台梭利语言教育包含了听、说、读、写四个方面。比如，可以通过肃静练习、寻声游戏、听录音讲故事、指令接龙、图片对应声音等活动来锻炼听力；通过呼吸练习、成语接龙、看图说话、续编故事等练习口语；通过阅读与绘画、团体交流、组字练习、圈字活动等练习阅读；通过描摹砂纸字母板、沙盘写字等学习书写。

二、蒙台梭利语言教育的目的

蒙台梭利语言教育的目的旨在培养儿童的语言表达能力，促进对文化的传承与创新，实现儿童的全面发展并为未来的学习和生活打下基础。这些目标相互关联、相互促进，共同构成了蒙台梭利语言教育的核心理念和实践方向。

（一）语言表达

蒙台梭利语言教育旨在培养儿童的语言表达能力。通过丰富多彩的教育活动和教具，激发儿童的语言学习兴趣，让他们愿意开口说话，愿意表达自己的想法。同时，通过听说练习、阅读等活动，提升儿童的听、说、读、写能力，使他们能够流畅、准确地表达自己的意图。

（二）文化传承与创新

蒙台梭利语言教育强调对文化的传承与创新。语言不仅是交流的工具，更是文化的载体。因此，在语言教育过程中，蒙台梭利注重引导儿童接触和理解传统文化，增强他们的文化素养。同时，也鼓励儿童通过语言创造新的文化内容，展现自己的个性和创造力。

（三）情感发展

蒙台梭利语言教育关注儿童的全面发展。语言教育不仅仅是教儿童说话、认字，更是通过语言教育培养儿童的观察力、思考力、想象力等综合能力。同时，通过语言教育，促进儿童的情感发展，帮助他们建立自信、自尊、自强的品质。

（四）实现自我价值

蒙台梭利语言教育还致力于为儿童未来的学习和生活打下坚实的基础。语言是获取知识和信息的重要工具，良好的语言能力有助于儿童更好地适应未来的学习和工作环境。因此，蒙台梭利语言教育注重培养儿童的语言学习习惯和能力，让他们在未来的学习和生活中能够灵活运用语言，实现自我价值。

三、蒙台梭利语言教育的意义

蒙台梭利认为，文化可以通过语言来传播和积累。语言不仅是传递智慧的工具，也是人们在群体生活中不可缺少的沟通工具。儿童语言教育的重要性如下。

（一）语言是儿童社会性发展的原动力

儿童作为社会群体的成员，为了适应社会生活必须使用语言进行交往与互动，运用语言这一工具交流思想、抒发情感、表达意愿，从而使自己的社会生活更加丰富，促进社会性能力的快速发展。

（二）语言是儿童认知能力发展的基础

儿童语言教育不是一项独立的教育活动，在日常生活中，感官、语言、科学和艺术教育，以及语法和句子的学习、理解和使用都被集成在一起。因此，儿童的语言发展可以提高他们的认知能力和学习能力。

（三）语言是完善儿童人格的重要因素

儿童借助语言吸收外界信息、表达自己的想法，从而建构自己的沟通能力，建立自信心，发展人际关系。同时，语言学习活动能够培养他们的学习兴趣，激发他们的学习动力，提高他们的专注力和学习的可持续性，并通过这些良好学习习惯的形成促进他们的个性发展。

（四）语言促进儿童创造力的发展

语言是由思维产生的，语言的发展能够提升儿童的思维能力、创造力和想象力。当儿童通过语言获得外界信息时，会促使其发散思维的形成，有利于儿童创造力的发展，形成创造型人格。

四、蒙台梭利语言教育的原则

（一）自然发展原则

蒙台梭利强调儿童的语言能力是通过自然发展而获得的，并非仅仅通过教学。这意味着教育者需要尊重儿童的自然成长规律，为他们提供丰富的语言环境，让他们在实践中自然而然地掌握语言。

（二）尊重儿童的个性化原则

每名儿童都是独特的，蒙台梭利语言教育尊重儿童的个性和兴趣，鼓励他们按照自己的节奏和方式去探索和学习语言。教育者需要深入了解每名儿童的特点，为他们提供个性化的教育支持。

（三）情境性原则

蒙台梭利语言教育强调语言是在实际运用的过程中发展起来的，因此，教育者需要提供真实的语言环境，让儿童在情境中学习语言，通过交流和互动来提高他们的语言能力。

（四）经验性原则

知识是从经验中得来的，蒙台梭利语言教育鼓励儿童通过亲身参与和体验来构建自己的语言知识体系。教育者需要为儿童提供丰富的语言活动和实践机会，让他们在经验中学习和成长。

(五)整合性原则

语言的发展与儿童的情感、经验、思维、社会交往能力等密切相关,蒙台梭利语言教育强调将这些方面整合在一起,促进儿童的全面发展。教育者需要在教育过程中注重各方面的协调和平衡,为儿童创造一个和谐、全面的语言环境。多种课程整合的方法包括:一是将语言教育活动的内容与其他领域的内容相结合,即将语言知识和各个领域的知识整合成一个整体的知识内容,与儿童进行互动或交流。二是将语言教育的内容渗透到儿童一日生活的各个方面,使儿童在真实情境的语言交流中与教师积极互动,拓展语言体验。

任务探索

一、了解声音

(一)探索活动:了解声音

了解声音活动的操作步骤及相关说明见表4-5。

表4-5 了解声音

操作步骤	步骤说明
教具准备	表情符号卡
操作1	教师邀请儿童坐在蒙氏线上
教师说	今天我们来了解声音
操作2	教师拿出代表开心的表情符号
教师说	这是我们开心时的表情,当我们开心时,我们的声音会变大,语调也欢快
操作3	拿出代表悲伤的表情符号
教师说	这是我们悲伤时的表情,当我们不开心时,我们的声音会变得低沉,语速缓慢
操作4	如果儿童能理解并且感兴趣,就让他们接着想象生气时的声音、心情平静时的声音和恐惧时的声音等
教师说	声音可以代表我们的心情,所以当你们发现谁的声音变得低沉或者语速缓慢时,也许他正在悲伤,我们要关心他
操作5	收符号卡,活动结束

(二)活动分析

根据"了解声音"活动的操作过程,分析该活动的适用年龄、教育目的、兴趣点以及延伸操作,并填写活动分析表,如表4-6所示。

表4-6 活动分析表

考核项目	分析结果	评分
适用年龄		
教育目的		
兴趣点		
延伸操作		
总分		

注意事项	依据儿童的兴趣来完成活动。

二、传话筒

（一）探索活动：传话筒

传话筒活动的操作步骤及相关说明见表4-7。

表4-7　传话筒

操作步骤	步骤说明
操作1	介绍工作名称，邀请儿童坐在线上
教师说	活动时，传话的声音要小而清晰，除了下一位小朋友，不能让其他人听见
操作2	教师设计一句话传递给第一位儿童，并要求他向下一位儿童转述
操作3	传到最后一位儿童时结束传声，由最后一位儿童将转述内容说出来
操作4	第一位儿童说出教师传递的话进行订正

（二）活动分析

根据"传话筒"活动的操作过程，分析该活动的适用年龄、教育目的、兴趣点以及延伸操作，并填写活动分析表，如表4-8所示。

表4-8　活动分析表

考核项目	分析结果	评分
适用年龄		
教育目的		
兴趣点		
延伸操作		
总分		

三、词语接龙

（一）探索活动：词语接龙

词语接龙活动的操作步骤及相关说明见表4-9。

表4-9　词语接龙

操作步骤	步骤说明
操作1	介绍工作名称，邀请儿童坐在线上
教师说	一个词的最后一个字要和下一个词的第一个字相同，如朋友—友情—情感—感受……第一位儿童说出词语后，第二位儿童以最后一个字组词，所组词语可以重复
操作2	游戏开始，请一位儿童说出第一个词，依次接龙
操作3	接不上词语可以重新开始
操作4	可以持续到儿童兴趣减弱，结束活动

（二）活动分析

根据"词语接龙"活动的操作过程，分析该活动的适用年龄、教育目的、兴趣点以及延伸操作，并填写活动分析表，如表4-10所示。

表4-10　活动分析表

考核项目	分析结果	评分
适用年龄		
教育目的		
兴趣点		
延伸操作		
总分		

能力进阶

根据对"为故事配音"活动的教育目的、兴趣点等内容的分析，结合三阶段教学法，编写为故事配音活动的操作步骤（见表4-11），并尝试创造更多的延伸操作。

表4-11　为故事配音活动的操作步骤

活动过程	过程描述
操作步骤	
评分	

1. 适用年龄

3岁以上。

2. 教具构成

为故事配音活动中用到的乐器，可以发音的物品。

3. 教育目的

（1）直接目的：通过对声音的了解，加强儿童对声音的运用能力。

（2）间接目的：培养专注力和想象力。

4. 兴趣点

不同的声音，如鸟叫声、笑声、乐器声音等。

5. 注意事项

（1）呈现给儿童的应是情节中包含多种声音的故事片断或者儿童剧片断，可以让儿童扮演他喜爱的人物或者故事中熟悉的角色。

（2）要鼓励儿童通过同伴间的互相帮助协作完成。

（3）学习用日常熟悉的物品来配音。

拓展阅读

蒙台梭利语言实践活动

蒙台梭利语言实践活动多种多样，其目的就是要通过丰富多样的活动来促进儿童的语言发展和认知能力的提升。以下是一些常见的蒙台梭利语言实践活动。

日常对话与交流：这是最基本也是最重要的实践活动。教师鼓励儿童在日常生活中使用语言进行交流和对话，通过提问、分享、讨论等方式，培养儿童的口语表达能力和语言思维。

故事讲述与表演：教师会选择有趣的故事，以生动的语言和丰富的表情讲给儿童听。同时，鼓励儿童参与故事的表演，通过角色扮演、对话模拟等方式学习并运用语言，让儿童更深入地理解故事情节，培养他们的语言表达和表演能力，激发儿童的兴趣和参与意愿，促进他们社交能力和情感的发展。也可以让儿童复述故事，这有助于培养他们的记忆力和口语表达能力。同时，故事中的情节和角色可以激发儿童的想象力和创造力。

阅读与写作活动：教师为儿童提供适合他们年龄和兴趣的读物，引导他们进行阅读。在阅读过程中，教师会讲解词语、句子结构等语言知识，帮助儿童理解文本内容。同时，通过写作活动，如写日记、写信等，让儿童运用所学语言进行表达。

感官体验与语言描述：教师利用日常生活中的物品或自然景色等，让儿童通过触摸、观察、品尝等获得感官体验，然后引导他们用语言描述自己的感受。这种活动不仅培养了儿童的语言表达能力，还促进了他们的感官发展和观察力的提升。

游戏与语言学习：游戏是儿童最喜欢的活动之一，也是语言教育的好方法。教师可以设计各种与语言学习相关的游戏，如词语接龙、角色扮演游戏、猜谜语等，让儿童在游戏中学习语言，提高他们的学习兴趣和积极性。

此外，还有一些具体的蒙台梭利语言实践活动，如转盘游戏、水果魔方等，这些活动可以通过游戏的方式让儿童学习新的词语和表达方式，提高他们对语言的兴趣和语言表达能力。

蒙台梭利语言实践活动注重儿童的参与和体验，通过丰富多样的活动来促进他们语言和认知能力的发展。这些活动不仅可以提高儿童的语言能力，还可以培养他们的社交能力和创造力。实践活动都是根据蒙台梭利教育原则设计的，旨在提供一个丰富、有趣且富有挑战性的语言环境，让儿童在轻松愉快的氛围中学习和掌握语言。同时，这些活动也注重培养儿童的自主性、创造性和社交能力，促进他们的全面发展。

任务检测

设计名为"小小故事家"的语言教育活动。要求完成以下活动目标。

（1）激发儿童对故事的兴趣和想象力。

（2）提高儿童的语言表达能力和思维逻辑能力。
（3）培养儿童的自信心和公众演讲能力。

任务二　书写世界

任务准备

一、材料准备

砂纸字母板、活动字母箱、铁质嵌板、砂纸笔画板、铅笔、彩色铅笔、姓名卡、笔座、绘图纸、纸夹、托盘等。应根据不同任务内容的要求，准备不同的材料。

二、认识教具

（一）砂纸字母板（见图 4-1）

图 4-1　砂纸字母板

（二）活动字母箱（见图 4-2）

图 4-2　活动字母箱

（三）铁质嵌板

铁质嵌板分两组，分别由 5 个曲线图形和 5 个直线图形组成，它们被放在两个基座上，如图 4-3 所示。

（四）砂纸笔画板

砂纸笔画板有31个手写体笔画（包括点、横、竖、撇、捺、提、竖钩、弯钩、竖折、斜钩、卧钩、竖弯、竖弯钩、竖提、横钩、横折、横撇、撇折、撇点、横折钩、横折弯钩、横斜钩、横折提、横折折撇、横撇弯钩、横折折、横折折钩、横折弯、竖折折、竖折折钩、竖折撇），如图4-4所示。

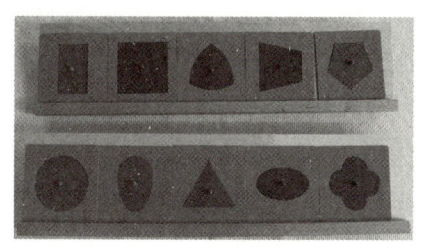

图4-3　铁质嵌板

图4-4　砂纸笔画板

任务演示 RENWU YANSHI

一、砂纸字母板

砂纸字母板活动的操作步骤及相关说明见表4-12。

表4-12　砂纸字母板

操作步骤	步骤说明
第一次展示：认识26个字母	
教具准备	砂纸字母板、水写布、毛笔
操作1	邀请儿童，取教具
教师说	介绍活动名称
操作2	请儿童先将砂纸字母板放到桌上，再按从左至右的顺序将字母背面向上排列在桌面上
操作3	翻开第一个字母板，左手扶砂纸板，右手食指描写字母，对儿童说"这是A"
操作4	再翻开第二个字母板，左手扶砂纸板，右手食指描写字母并对儿童说"这是B"
操作5	翻开第三个字母板，左手扶砂纸板，右手食指描写字母，对儿童说"这是C"
教师说	请你用手指一指A在哪里？请你告诉我B在哪里？请你把B放在我的手上
操作6	然后引导儿童读出字母的发音："这是什么？这个呢？还有这个是什么？"儿童回答正确了，才可以进行写的练习
第一次展示：书写26个字母	
操作1	邀请一名儿童到教具柜前，给儿童介绍描画砂纸字母的活动
操作2	请儿童将砂纸字母板拿到放有水写布的桌上
操作3	请儿童做指尖敏感度练习
操作4	教师取其中一块字母板，用右手食指和中指对字母进行描摹
操作5	描摹完后，请儿童来描摹一下
操作6	告诉儿童要在水写布上用毛笔来书写这个字母

续表

操作步骤	步骤说明
操作 7	请儿童取来水，将毛笔蘸湿，教师先描一下字母板，接着用毛笔在水写布上写下这个字母
操作 8	请儿童按教师示范来写
操作 9	可以请儿童多次练习
操作 10	收回教具，结束活动

二、活动字母箱

活动字母箱活动的操作步骤及相关说明见表 4-13。

表 4-13　活动字母箱

操作步骤	步骤说明
教具准备	活动字母箱、砂纸字母板
操作 1	邀请儿童，并向儿童介绍活动名称
操作 2	取教具放在桌子上
教师说	请从砂纸字母板中拿三个你认识的字母
操作 3	分别指着三个字母，问儿童
教师说	这是什么
操作 4	回答完再请儿童描一下
操作 5	认完三个字母后，将砂纸字母板倒扣在桌子上
操作 6	翻开一个砂纸字母板
教师说	请你从活动字母箱里找到跟它一样的字母片
操作 7	请儿童放回砂纸字母板
教师说	我们要读出这些字母片
操作 8	让儿童读活动字母箱里的字母片
操作 9	让儿童自己拿、自己读
操作 10	收回教具，活动结束

三、铁质嵌板

铁质嵌板活动的操作步骤及相关说明见表 4-14。

表 4-14　铁质嵌板

铁质嵌板

操作步骤	步骤说明
教具准备	圆形铁质嵌板、绘图纸、纸夹、铅笔、笔座、托盘
操作 1	邀请儿童，取教具
教师说	今天我们来做绘图的工作
操作 2	带儿童到工作架前拿托盘，并把绘图需要用到的工具都放在托盘里，包括铅笔、笔座、绘图纸、纸夹、圆形铁质嵌板
操作 3	从托盘里拿出纸放到桌子上，然后把圆形嵌板的外框放在纸的正中央

续表

操作步骤	步骤说明
操作 4	拿起铅笔，向儿童示范正确的握笔姿势
操作 5	教师左手按住圆形嵌板的外框，沿顺时针方向描画一圈
教师说	这个几何图形是圆
操作 6	将铅笔和外框归位
操作 7	拿起圆形嵌板，放在刚才画好的轮廓上
操作 8	取另一支彩色铅笔沿着嵌板描绘
操作 9	将教具归位
操作 10	取用另一种颜色的铅笔，描绘两个圆形中间的位置
操作 11	将描绘完的图形放到个人纸张作业箱中
操作 12	将教具放回教具架上，工作完成

四、砂纸笔画板

砂纸笔画板活动的操作步骤及相关说明见表 4–15。

表 4–15　砂纸笔画板

操作步骤	步骤说明
操作 1	邀请儿童，取教具
教师说	今天我们来做描笔画的工作
操作 2	拿出三个砂纸笔画板，字面朝下置于桌面上
操作 3	取其中一块翻转过来，左手扶板，右手食指、中指并拢描摹笔画，从笔画的上面部分开始，边描边重复发音
操作 4	邀请儿童描摹这个笔画
操作 5	将砂纸笔画板的正面朝下，移动到桌子的右上角
操作 6	继续进行余下两块笔画板的描摹
操作 7	运用三阶段名称教学法，使儿童了解笔画
操作 8	收回教具，结束活动

五、书写姓名

书写姓名活动的操作步骤及相关说明见表 4–16。

表 4–16　书写姓名

操作步骤	步骤说明
教具准备	儿童姓名卡、铅笔、纸
操作 1	邀请儿童，取教具
教师说	今天我们来做书写自己姓名的工作

续表

操作步骤	步骤说明
操作2	把儿童的姓名卡拿出来,让儿童仔细看
操作3	拿出纸和铅笔
操作4	教师示范握笔姿势,示范书写
操作5	儿童参照自己的姓名卡,书写自己的名字
操作6	收回教具,结束活动

>>> 任务解析 RENWU JIEXI

一、解析砂纸字母板

(一)教育目的

(1)直接目的:认识字母并练习正确发音,学习字母的读写。

(2)间接目的:在发音和字母之间建立关联;通过视觉与触觉结合的方法,学习读念字母名称和笔顺的书写。

(二)适用年龄

3岁以上。

(三)兴趣点

教具本身。

(四)注意事项

笔画书写顺序要正确。

(五)延伸操作

(1)用砂纸数字板开展相同的活动。

(2)记忆游戏,即两点游戏,儿童按指令到工作毯拿指定的砂纸字母板给远处的教师。

二、解析活动字母箱

(一)教育目的

(1)直接目的:学会使用拼音拼字。

(2)间接目的:提高语言表达能力。

(二)适用年龄

3.5岁以上。

(三)兴趣点

教具本身。

(四)注意事项

根据儿童的能力设计内容。

(五)延伸操作

活动名称:指物发音。

（六）基本操作

（1）教师边带大家观察教室内和教室外的环境，边说："请小朋友们排好队，跟着我，我指一件物品，你们就告诉我它是以什么音开头的。"

（2）教师带领儿童慢慢从教室的一边开始走。

（3）走到粉红塔的位置，教师指着粉红塔问："谁能告诉我这是什么？它的首字母发音是什么？"

（4）继续进行活动。

三、解析铁质嵌板

（一）教育目的

1. 直接目的

（1）学习怎样正确握笔。

（2）学习书写的正确坐姿及动作要领。

（3）培养秩序感、专注力、协调性和独立性。

2. 间接目的

（1）培养手眼的协调能力。

（2）掌握各种不同形状的名称。

（3）培养审美能力。

（4）为学习几何做准备。

（二）适用年龄

3.5 岁以上。

（三）兴趣点

发音。

（四）注意事项

（1）如果儿童在填涂时有困难，可以将框架放在纸上，以便更好地画线。

（2）对刚学书写的儿童来说，采用正确的握笔姿势较困难，教师可以允许儿童用自己的方法进行操作。

（3）铁质嵌板的工作可以持续几个月，在操作过程中教师必须注意保持儿童的兴趣水平，以使他们的技能不断得到提高。

（4）在第一次操作时，可以用黑色的铅笔，以便使图形突出。

（5）铁质嵌板内部比外部框架的操作难度大，所以一般从框架开始操作。

（五）延伸操作

（1）运用其他形状的嵌板进行练习。

（2）填充圆形轮廓。

（3）组合运用不同形状的嵌板进行练习。

（4）熟练运用嵌板框。

（5）绘制花样图形。

（6）制作铁质嵌板小册子。

四、解析砂纸笔画板

（一）教育目的

（1）直接目的：学习正确的笔画书写顺序。

（2）间接目的：通过描摹笔画，让儿童形成汉字结构和书写顺序的肌肉记忆。

（二）适用年龄

3.5 岁以上。

（三）兴趣点

教具本身。

（四）延伸操作

（1）在沙盘上描写笔画。

（2）在白板上书写。

五、解析书写姓名

（一）教育目的

（1）直接目的：学习如何正确地握笔，能够书写自己的姓名。

（2）间接目的：熟悉汉字的书写顺序和结构。

（二）适用年龄

4 岁以上。

（三）兴趣点

教具本身。

（四）注意事项

姓名中有复杂、难写的字教师可代写。

（五）延伸操作

（1）书写家长的姓名和其他小朋友的姓名。

（2）抄写喜欢的古诗、儿歌。

RENWU TANSUO 任务探索

一、沙盘书写

（一）探索活动：沙盘书写

沙盘书写活动的操作步骤及相关说明见表 4-17。

表 4-17　沙盘书写

操作步骤	步骤说明
教具准备	托盘、沙子或小米、砂纸字母板
教师说	介绍活动名称，取教具
操作 1	将沙子倒入托盘中制作沙盘，然后将沙盘放在铺好工作毯的桌子上，砂纸字母板放在沙盘的右上方

拼字练习

续表

操作步骤	步骤说明
操作2	选三块儿童熟悉的字母板，放在沙盘右下侧。儿童左手扶板，右手食指、中指并拢，在砂纸字母板上进行描摹，并念读字母
操作3	用食指在沙盘中以正确笔顺仿写字母板上的字母
操作4	再选三块字母板重复以上操作
操作5	教具归位，结束活动

（二）活动分析

根据"沙盘书写"活动的操作过程，分析该活动的适用年龄、教育目的、兴趣点以及延伸操作，并填写活动分析表，如表4-18所示。

表4-18 活动分析表

考核项目	分析结果	评分
适用年龄		
教育目的		
兴趣点		
延伸操作		
总分		

注意事项　书写时注意沙子不要撒出来。

二、认识偏旁部首

（一）探索活动：认识偏旁部首

认识偏旁部首活动的操作步骤及相关说明见表4-19。

表4-19 认识偏旁部首

操作步骤	步骤说明
教具准备	偏旁部首盒
教师说	邀请儿童，介绍活动名称
操作1	取教具，放在桌子的右上角
操作2	拿出偏旁部首盒
操作3	依次取出三个常用偏旁部首
操作4	进行三阶段名称教学的辨别和发音
操作5	教具归位，结束活动

（二）活动分析

根据"认识偏旁部首"活动的操作过程，分析该活动的适用年龄、教育目的、兴趣点以及延伸操作，并填写活动分析表，如表4-20所示。

表 4-20　活动分析表

考核项目	分析结果	评分
适用年龄		
教育目的		
兴趣点		
延伸操作		
总分		

注意事项　根据儿童的能力进行教学。

NENGLI JINJIE 能力进阶

根据对"创意书写"活动的教育目的、兴趣点等内容的分析,结合三阶段教学法,编写创意书写活动的操作步骤(见表 4-21),并尝试创造更多的延伸操作。

1. 教具构成

活动字母箱、小黑板、粉笔、纸片、铅笔。

2. 适用年龄

3.5 岁以上。

3. 教育目的

锻炼儿童的书写能力。

4. 兴趣点

书写的过程。

表 4-21　创意书写活动的操作步骤

活动过程	过程描述
操作步骤	
评分	

RENWU JIANCE 任务检测

将书写活动中的作品做成作品集。

项目四 蒙台梭利语言教育活动

任务三　故事魔盒

>>> 任务准备

一、材料准备

三段卡、立体几何组、动物卡片、工作毯等。应根据不同任务内容的要求，准备相应的材料。

二、认识教具

三段卡：图片卡的内容是某一事物的图象；名称卡的内容是某一事物的名称或相关文字内容；控制卡的内容是某一事物的图像和名称的组合，如图4-5所示。

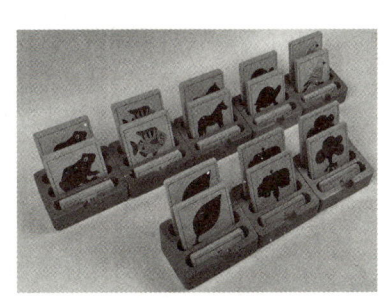

图4-5　三段卡

>>> 任务演示

一、水果三段卡

水果三段卡活动的操作步骤及相关说明见表4-22。

词语配对三段卡

表4-22　水果三段卡

操作步骤	步骤说明
教具准备	水果三段卡：控制卡由水果图和水果名称组成，图片卡是水果的图片，名称卡是水果的名字；工作毯
操作1	邀请儿童，取工作毯，取教具
操作2	介绍活动名称
操作3	将控制卡从左到右、从上至下在工作毯左上方进行排列，边放边念出每张卡片的名字
操作4	将图片卡分发给儿童，让儿童进行图片卡与控制卡的配对
操作5	取出名称卡，分发给儿童，让他们与控制卡配对，并念出卡上的名字
操作6	进行三阶段名称教学的辨别和发音
操作7	拿走控制卡，打乱图片卡与名称卡的顺序，重新配对
操作8	全部认读完毕后，请儿童拿名称卡与图片卡配对
操作9	儿童独立工作，教师观察
操作10	收回教具，结束活动

二、立体几何组与三段卡配对

立体几何组与三段卡配对活动的操作步骤及相关说明见表4-23。

135

表 4-23　立体几何组与三段卡配对

操作步骤	步骤说明
教具准备	立体几何组（放在篮子里并用布盖好）、立体几何组的三段卡、工作毯
操作 1	邀请儿童，取工作毯，取教具
教师说	今天我们进行立体几何组与三段卡的配对。请小朋友先拿图片卡，把图片卡放到工作毯上面，再去篮子里找相对应的几何体放在图片卡下面
操作 2	儿童操作
操作 3	再请儿童找到相应的名称卡放在几何体的下面
操作 4	让儿童读念一遍，先说出几何体的名称，再念出名称卡上的字：三棱柱体、三棱柱体
操作 5	儿童操作
操作 6	收回教具，（先念名称卡上的字，再念几何体的名称，把几何体放回篮子，卡片不动，全部收好后让儿童把立体几何组放回教具架）结束活动

三、句子三段卡

句子三段卡活动的操作步骤及相关说明见表 4-24。

表 4-24　句子三段卡

操作步骤	步骤说明
教具准备	句子三段卡若干、工作毯
操作 1	邀请儿童，取工作毯，取教具
教师说	今天我们要进行句子三段卡的工作
操作 2	先把控制卡按纵列排好
操作 3	拿出图片卡，分发给儿童，让他们进行配对
操作 4	拿出名称卡，分发给儿童，让他们进行配对
操作 5	请儿童试着阅读名称卡上的句子，再阅读控制卡上的句子，看是否一致
操作 6	进行三阶段名称教学的辨别与发音
操作 7	收控制卡，打乱图片卡和名称卡的顺序，进行图片卡和名称卡的配对
操作 8	收图片卡，让儿童读名称卡
操作 9	试读名称卡上的句子，并按句子内容找出相应的图片

四、看图编故事

看图编故事活动的操作步骤及相关说明见表 4-25。

表 4-25　看图编故事

操作步骤	步骤说明
教具准备	动物卡片
操作 1	邀请儿童，取教具

续表

操作步骤	步骤说明
教师说	今天我们进行一项看图编故事的工作
操作2	拿出动物卡片给儿童看
教师说	这是什么的卡片
操作3	请儿童思考后回答
教师说	我们一起来看一下它们都是什么
操作4	教师一张一张摆出来，儿童跟着念一遍，念完放回
操作5	让儿童每人拿一张动物卡片
教师说	我们来做一个看图编故事的游戏，老师给你们5分钟的时间，每人根据你手里拿到的动物编一个故事
教师说	时间到，你们谁来先说
操作6	第一名儿童说完，发指令"有请下一个小朋友"，直至全部讲完
操作7	教师总结，把卡片再依次拿出，帮助一起回忆动物的名称。再一起说一遍动物名称
操作8	收回卡片，结束活动

>>> 任务解析

一、解析水果三段卡

（一）教育目的

（1）直接目的：认识水果。
（2）间接目的：积累前识字经验，为阅读做准备。

（二）适用年龄

3岁以上。

（三）兴趣点

配对的过程。

（四）注意事项

教师应让儿童参与水果三段卡的制作过程。

（五）延伸操作

制作水果小书或古诗三段卡。

二、解析立体几何组与三段卡配对

（一）教育目的

（1）直接目的：认识几何图形的名称。
（2）间接目的：为阅读做准备。

（二）适用年龄

3岁以上。

（三）兴趣点

配对的过程。

（四）注意事项

先用儿童熟悉的几何图形进行配对。

（五）延伸操作

制作几何图形小书。

三、解析句子三段卡

（一）教育目的

（1）直接目的：理解句意，进入初步阅读阶段。

（2）间接目的：丰富儿童的早期阅读经验。

（二）适用年龄

4岁以上。

（三）兴趣点

配对的过程。

（四）注意事项

教师应让儿童参与卡片的制作过程。

（五）延伸操作

句子拼图。

四、解析看图编故事

（一）教育目的

（1）直接目的：让儿童讲故事，促进其语言能力的发展。

（2）间接目的：培养儿童独立思考的能力。

（二）适用年龄

4岁以上。

（三）兴趣点

讲故事的过程。

（四）注意事项

当儿童编不出故事时，应给予适当的提示。

（五）延伸操作

教师可以继续问儿童，如：狗怎么叫？它叫什么名字？北极熊住哪里？北极在哪里？拿出地球仪，和儿童一起找地球的北极在哪里。

>>> 任务探索

探索活动：量词三段卡操作过程

1. 探索活动：量词三段卡

量词三段卡活动的操作步骤及相关说明见表4-26。

表4-26　量词三段卡

操作步骤	步骤说明
教具准备	量词三段卡若干
操作1	邀请儿童，取教具
教师说	今天我们要进行量词三段卡的工作
操作2	先把控制卡和图片卡按横向排好
操作3	拿出名称卡，分发给儿童，让他们进行配对
操作4	收起控制卡，打乱名称卡的顺序，让儿童重新排序，巩固对量词的认识
操作5	教具归位，结束活动

2. 活动分析

根据"量词三段卡"活动的操作过程，分析该活动的适用年龄、教育目的、兴趣点以及延伸操作，并填写活动分析表，如表4-27所示。

表4-27　活动分析表

考核项目	分析结果	评分
适用年龄		
教育目的		
兴趣点		
延伸操作		
总分		

注意事项	由常用的量词开始练习。

>>> 能力进阶

根据对"猜谜语"活动的教育目的、兴趣点等内容的分析，结合三阶段教学法，编写猜谜语活动的操作步骤（见表4-28），并尝试创造更多的延伸操作。

1. 教具构成

谜语卡（背面写有答案）。

2. 适用年龄

5岁以上。

3. 教育目的

锻炼儿童的高层次阅读能力，培养其理解能力、逻辑思维能力。

4. 兴趣点

猜谜语的过程。

表4-28 猜谜语活动的操作步骤

活动过程	过程描述
操作步骤	
评分	

拓展阅读

儿童语言发展的阶段特征

儿童的语言是从简单到复杂、从具体到抽象慢慢发展的。他们最初学习的词语往往是与日常生活密切相关的具体事物，如玩具、食物等。后来，他们逐渐能够学习和理解更抽象的词语和概念。

模仿在儿童的语言发展中扮演着重要的角色。他们常常模仿身边人的话语和语调，尤其是父母和亲近的照顾者。通过模仿，他们逐渐掌握了语言的规则和表达方式。

儿童的语言发展是一个渐进的过程。他们可能开始时会有些口齿不清，但随着不断练习和实践，他们的发音和表达能力会逐渐提高。不同年龄儿童的语言发展水平不同，大致可分为如下六个阶段。

第一阶段：0~12个月，预备期阶段

从婴儿出生起，父母就把他视为一个沟通的对象，对婴儿发出的不同声音做出不同的关爱回应。他们会用简单的话和婴儿说话，有时还会用高音和夸张的声音来逗弄婴儿。在这样的环境中，婴儿知道如何找到沟通的对象，开始意识到自己的声音或哭声会逐渐影响父母的行为，并与父母有互动，例如，用哭声向父母表示自己饿了或裤子湿了等。

4个月大的婴儿能把目光集中在父母所指的事物上；6~8个月的时候，父母可对着物体说出名称，让婴儿通过听觉感知到物体；9个月的时候，婴儿不仅可以观察事物，还可以注意到父母的反应，和他们有交流性的注视，这意味着有意识的信息传递开始了，且9个月大的婴儿还能理解如"碗""杯子""玩具"等这类简单的名词。

第二阶段：12~18个月，单字句阶段

12个月大的幼儿会说名词，能听懂一些动词，但还不能流畅地说动词。在单字句阶段，幼儿词语的发展相对缓慢，会使用一些由两个字组成的词语或短语表达自己的意思。随着他们词语量的逐渐增加，也开始能够理解一些简单的指令和问题，并能够用简单的语言来回应。一般来说，幼儿对词组的使用是建立在至少掌握了50个词的基础上的。在单字句阶段，成人应该为幼儿创造一个宽松的语言环境，扩大幼儿的词汇量，为其日后的词组发展做好准备。

第三阶段：18~24个月，电报字句阶段

在电报字句阶段，幼儿会说简单的句子，并能用单词和短语表达自己的意思。因此，成人应在日常的生活环境中训练幼儿使用句子并渗透语法成分，为幼儿提供"吃米饭""抱青蛙宝宝"等短语示范，鼓励幼儿积极与周围的人交流。

第四阶段：2~3岁，爆发期阶段

在爆发期阶段，儿童不但能说已经经历过的事情，还能说简单的短句（如动词加上名词）。另外，儿童掌握的词性种类也逐渐丰富，如代词"你、我、他"、介词"上、下"、形容词"好、坏、多、少"等。到36个月左右，儿童基本上可以用短句表达，并开始进入一个完整的造句系统。这个阶段，儿童的语言表达能力有了明显的提升。他们开始能够组成简单的句子，描述一些基本的事物和事件。他们的好奇心也越来越强，会主动提问并尝试与成人进行更深入的交流。

第五阶段：4~5岁，应用阶段

在应用阶段，儿童掌握了大部分的语法结构，能使用较完整的句子表达，对新词语有极大的兴趣，喜欢纠正其他儿童话语中的发音错误问题。一些心理学家认为，此阶段儿童的用词与成人相近，说起话来就像"小大人"，其语言能力已经非常接近成人了。他们能够流利地表达自己的想法和感受，也能够理解并回应一些复杂的问题。他们的语言表达开始具有逻辑性和条理性，能够更准确地描述和解释事物。这时，成人要注意用完整的句子和儿童交流，还要培养儿童良好的语言习惯，为入学做好语言准备。

第六阶段：5~6岁，完整的语法阶段

在完整的语法阶段中，儿童除了不断增加新的语言形式，还不断扩大词汇量，提高自己的语言在具体环境中的表达和应用能力，逐步建立起成熟的话语体系。有专家认为，5岁是儿童语言发展的分水岭，是儿童交际能力显著提高的时期。从5岁到12岁，儿童最显著的变化是学会了用语言读写。与此同时，儿童使用的句子也变得越来越复杂，句子的含义和句法也在向更高的层次发展。

蒙台梭利强调，儿童的语言不是教出来的，而是发展出来的。生命的发展充满秩序和规律，自然的成长过程引领成人了解了儿童成长的内在逻辑与限制：儿童能通过自然成长适应其生存的世界，建构正常的人格。儿童语言的自然发展遵循适用于所有儿童的法则：语言的发展都是由简单的音节过渡到较为复杂的词，然后才是对整个句子和语法的掌握。

>>> 任务检测
RENWU JIANCE

根据本任务所学，选取多种儿童阅读教材，为幼儿园不同班级的儿童设计阅读活动。

项目总结

蒙台梭利语言教育是一种注重儿童个体差异，强调自然发展和语言环境创设的教育方法。它旨在通过丰富的实践活动，激发儿童对语言的兴趣，提高他们的语言表达能力。

蒙台梭利语言教育重视语言环境的创设。教师会努力营造一个丰富、有序且真实的语言环境，让儿童能够自由地探索和表达。这种环境不仅提供了语言学习的资源，还鼓励儿童与环境、物品及人进行互动，从而在日常生活中自然地学习语言。

蒙台梭利语言教育还注重培养儿童的社交能力。它强调儿童间相互关系的构建，注重对协作能力和自我表达能力的培养。通过参与集体活动、角色扮演和故事讲述等活动，儿童可以学会与他人合作、分享和沟通，从而提高自身的社交能力。

问题解析

问题一

儿童发音不清晰

在幼儿园的日常教学中，教师发现小明在发音上存在一些问题，尤其是一些辅音和元音的发音不清晰，导致其他小朋友难以理解他所说的话。小明对此也感到很困扰，因为他想和其他小朋友一样能够清晰地表达自己的想法。

解析：辅音和元音的发音不清晰是很常见的情况。每个人的发音问题都是独特的，因此需要根据具体情况进行个性化的评估和训练。教师可以通过一些发音游戏和练习，帮助小明掌握正确的发音方法，如口腔操、舌位练习等。鼓励小明多听、多说、多模仿，尤其是在日常生活中多与成人或其他小朋友交流，增加发音练习的机会。可以为小明提供个性化的发音指导，就他的发音难点进行有针对性的训练。

问题二

儿童词汇量少，表达受限

小红在幼儿园的语言活动中表现出词汇量较少的问题，她常常在表达自己的想法时感到困难，难以找到合适的词语来描述。这影响了她与其他小朋友的交流和沟通。

解析：小红可能缺乏足够的词汇积累，没有在日常生活中接触到足够的词语；可能没有养成良好的阅读习惯，没有通过阅读来丰富自己的词汇量；也可能缺乏足够的语言实践机会，没有在实践中不断运用和巩固已掌握的词汇。

教师可以通过故事讲解、儿歌朗诵等方式，为小红提供更多的词语输入机会，帮助她积累更多的词汇。鼓励小红养成阅读的习惯，通过阅读绘本、图画书等书籍，丰富自己的词汇量。为小红提供语言实践的机会，如角色扮演、故事讲述等活动，让她在实践中不断运用词语并巩固对词语的含义的理解。

问题三

儿童理解能力差，难以跟随教学节奏

小刚在幼儿园的语言教学过程中表现出理解能力较差的问题，他常常难以跟上教师的教学节奏，对教学内容的理解也存在困难。这导致他在语言学习中感到挫败和困惑。

项目四 蒙台梭利语言教育活动

解析： 小刚可能缺乏足够的语言背景知识，因而对教学内容的理解存在困难；可能注意力不集中，难以长时间保持对教学内容的关注；也可能缺乏与教学内容相关的实践经验，难以将所学知识与实际生活联系起来。

教师可以通过更加生动、形象的教学方式，如实物展示、情境模拟等，来增强小刚对教学内容的理解。在教学过程中注重对小刚专注力的培养，通过有趣的游戏和活动来吸引他的注意力。为小刚提供与教学内容相关的实践经验，如实地参观、实践活动等，帮助他将所学知识与实际生活联系起来。

项目思考

请为小美设计一次综合性的语言教育活动，并讨论以下问题。
（1）语言教育中如何进行环境创设？
（2）蒙台梭利关于儿童语言敏感期理论的具体内容是什么？

行业楷模

生活即教育，行为即课程

张雪门，浙江鄞县人，生于1891年3月10日，于1973年离世，是我国著名的学前教育专家。他与另一位著名学前教育专家陈鹤琴先生并称"南陈北张"，在学前教育领域有着举足轻重的地位。

张雪门先生早年就展现出了对教育的浓厚兴趣。他幼年研读四书五经，后毕业于浙江省立第四中学（现宁波一中）。在青年时期，他目睹了当时一些不良的幼儿教育现象，深感痛心，遂立志投身幼教事业。1912年，他出任鄞县私立星荫学校（现宁波市海曙中心小学前身）校长，这也是他投身教育事业的起点。

张雪门先生对幼儿教育事业做出了卓越贡献。1917年，他在宁波创办星荫幼稚园，并任首任园长，这成为他投身幼教事业的第一块试验田。他在实践中不断探索，对幼稚园的课程和活动中心进行了深入的研究，提出了许多具有创新性的理念。此外，他还高度重视实践教学，强调做学教合一，创造性地提出了幼儿师范教育实习的"参观—见习—试教—辅导"四步骤思想。

在北平幼师任职期间，张雪门先生对幼儿师范教育的学制进行了有益的探索，将其分为相对独立而又前后衔接的三种类型，即一年制、二年制和三年制幼儿师范教育，这不仅解决了当时幼教师资缺乏的燃眉之急，而且推动了幼儿师范教育的发展。

晚年的张雪门先生，尽管身患重病，但仍然以顽强的意志克服种种困难，为幼儿教育理论的建设做出了重要贡献。他写下了《幼稚教育》《幼稚园课程活动中心》《幼稚园行为课程》等十几本专著，为后人留下了丰富的教育遗产。

张雪门先生是一位具有远见卓识和坚定信念的教育家，他的一生都在为我国的幼儿教育事业奋斗和奉献。他的教育理念和实践活动，不仅在当时产生了广泛的影响，而且对当今的幼儿教育事业仍具有重要的启示和借鉴意义。

项目五
蒙台梭利数学教育活动

蒙台梭利曾说:"数的概念不是由自然赋予的,也不是由教师教授的,而是由儿童从操作教具的过程中获得的。"蒙台梭利在长期的研究和实践中得知,儿童的学习都遵循由具体到抽象、由简单到复杂的规律,数学亦是如此。在实践中,蒙台梭利利用生活中常见的物品搭配独特的教学方法,使儿童在数学方面的学习变得简单、可操作。

项目情境

为了激发儿童对数学的兴趣,培养儿童的逻辑思维能力和解决问题的能力,幼儿园将于近期开展一系列丰富多彩的数学活动。你能帮小美老师设计一些活动吗?

项目目标

知识目标
掌握蒙台梭利数学教育的特点、内容。

技能目标
学会操作蒙台梭利数学教育教具。
能够设计蒙台梭利数学教育教具的操作步骤。

素质目标
探索蒙台梭利数学教育的价值。

任务一　简单数数

》》》任务准备

一、材料准备

数棒、砂纸数字板、纺锤棒与纺锤棒箱、彩色串珠梯、灰黑串珠梯、整数1—10的数字卡、筹码、数珠片、纸板、工作毯等。应根据不同任务内容的要求，准备不同的材料。

二、认识教具

（一）数棒

数棒由10根木质长棒组成，每根木棒的长度以10厘米为单位依次递增，最短的一根长10厘米，最长的一根长100厘米，每根木棒都是红蓝相间。数棒如图5-1所示。

（二）砂纸数字板

砂纸数字板由10块绿色长方形木板组成，上面有砂纸数字。砂纸数字板如图5-2所示。

图5-1　数棒

图5-2　砂纸数字板

（三）纺锤棒与纺锤棒箱

纺锤棒与纺锤棒箱由3个木质长方形箱体、45根木质纺锤棒组成。纺锤棒与纺锤棒箱如图5-3所示。

（四）彩色串珠梯

彩色串珠梯由10串彩色塑料圆珠棒组成，1是红色珠，2是绿色珠，3是粉色珠，4是橙色珠，5是浅蓝色珠，6是紫色珠，7是白色珠，8是棕色珠，9是深蓝色珠，10是透明塑料珠。彩色串珠梯如图5-4所示。

图5-3　纺锤棒与纺锤棒箱

图5-4　彩色串珠梯

任务演示

一、数棒

数棒活动的操作步骤及相关说明见表 5-1。

表 5-1 数棒

操作步骤	步骤说明
第一次展示：名称练习	
教师说	介绍活动名称
操作 1	请一名儿童帮助教师取一块工作毯
教师（双手接过）说	谢谢小朋友
操作 2	请儿童取来数棒，散放在工作毯上
教师说	请你把数棒重新排序，红色头的放在最左面
操作 3	取出数棒 1，2，3，横向排列在工作毯中间，进行三阶段名称教学的辨别和发音
操作 4	触摸数棒 1
教师说	1，这是 1
操作 5	触摸数棒 2
教师说	2，这是 2
操作 6	触摸数棒 3
教师说	3，这是 3
操作 7	请儿童来感知
教师说	请你指一指哪个是 1 或请把 1 拿给我
操作 8	用同样的方法辨别数棒 2 和数棒 3
操作 9	指着数棒 1
教师说	请你来数一数，这根木棒上有几粒珠子
操作 10	同样的方法操作数棒 2 和数棒 3
操作 11	收回教具，结束活动
注意事项	用同样的方法介绍整数数棒 4—10，根据儿童的学习情况，每次学习数量在 3~5 根数棒为宜，每次学习新的数之前都要复习前面的内容，从 1 开始复习
第二次展示：与数字卡片配对	
教师说	介绍活动名称
操作 1	请一名儿童帮助教师取一块工作毯
教师（双手接过）说	谢谢小朋友
操作 2	请儿童取来数棒，散放在工作毯上
教师说	请你把数棒由长到短依次排列
操作 3	取出数棒 1，2，3，横向排列在工作毯中间
教师说	请小朋友告诉我，这是几
操作 4	分别出示对应的数字卡片，放在数棒的右边，并进行三阶段名称教学的辨别和发音
操作 5	收回教具，结束活动

续表

操作步骤	步骤说明
第三次展示：数棒 10 的合成	
教师说	介绍活动名称
操作 1	请一名儿童帮助教师取两张工作毯
教师（双手接过）说	谢谢小朋友
操作 2	请儿童取来数棒，散放在其中一张工作毯上
教师说	请你把数棒由长到短依次排列
操作 3	取出数棒 10
教师说	这是几
操作 4	取出数字卡 10 放在数棒 10 旁边
操作 5	取出数棒 1 放在数棒 10 的下方，左端对齐
教师说	它是几
操作 6	取出数字卡 1 放在数棒 1 旁边
教师说	1 和几合起来是 10，我们来数一数
操作 7	右手触摸珠粒计数"1，2，3，……，9"
操作 8	取数棒 9 放在数棒 1 的上边，数字卡 9 放在数棒 9 旁边
教师说	请小朋友观察，数棒 9 和数棒 1 加在一起的长度与数棒 10 是一样的
操作 9	将数棒 1 和数棒 9 放在另外一张工作毯上
操作 10	依次合成数棒 2 和 8，3 和 7，4 和 6，5 和 5
操作 11	将数棒 10 放在最上端
教师说	1 和 9 合起来是 10，2 和 8 合起来是 10，……，5 和 5 合起来是 10
操作 12	收回教具，结束活动

二、纺锤棒与纺锤棒箱

纺锤棒与纺锤棒箱活动的操作步骤及相关说明见表 5-2。

表 5-2 纺锤棒与纺锤棒箱

操作步骤	步骤说明
操作 1	邀请儿童，介绍活动名称，取教具
操作 2	用纸板将 0 挡住，让儿童观察木箱上的数字
教师说	请你读一读木箱上的数字
操作 3	指读 1，点数 1 根纺锤棒放进箱中
操作 4	教师示范到 4，请儿童点数整数 5—9
教师说	观察一下，哪个箱没有纺锤棒
教师说	我们看一下没有纺锤棒的箱数字是几
操作 5	把纸板拿走，露出 0
教师说	这是 0，表示什么都没有
操作 6	从前往后依次取出纺锤棒
操作 7	收回教具，结束活动

纺锤棒与纺锤棒箱

三、数字与筹码

数字与筹码活动的操作步骤及相关说明见表 5-3。

表 5-3　数字与筹码

操作步骤	步骤说明
操作 1	邀请儿童，介绍活动名称，取工作毯，取教具
操作 2	取数字卡片，散放在工作毯上
教师说	请你把数字卡片从小到大排序
操作 3	指读 0，表示什么都没有，不用取筹码
操作 4	指读数字 1，点数筹码 1，放在数字卡 1 的下方
操作 5	指读数字 2，点数筹码 1、2，并排放在数字卡 2 的下方
操作 6	指读数字 3，点数筹码 1、2、3，两个并排放，剩下一个筹码放在第一行左侧筹码的下方
操作 7	依次进行到数字 5
教师说	请你试着点数整数 6—10 的筹码
操作 8	点数并放好筹码后，请儿童观察
教师说	哪些数字下方的筹码都有朋友？哪些数字下方的筹码有一枚没有朋友
教师说	看看有一枚没有朋友的筹码对应的数字是几，这些数为奇数，剩下的为偶数
操作 9	收数字卡，收筹码，结束活动

四、彩色串珠梯

彩色串珠梯活动的操作步骤及相关说明见表 5-4。

表 5-4　彩色串珠梯

操作步骤	步骤说明
操作 1	邀请儿童，介绍活动名称，取工作毯，取教具
操作 2	将彩色串珠棒散放在工作毯上
教师说	请你把彩色串珠棒从 1—9 排好
操作 3	拿起数珠片
操作 4	介绍数珠片：它是用来数珠子的
操作 5	分别取 1、2、3 的彩色珠棒放在工作毯上
操作 6	捏住彩珠边缘拿数珠片从左至右切数彩珠
教师说	1，这是 1，它是红色的
操作 7	请儿童切数
操作 8	以同样的方法依次介绍剩下珠棒的切数，完整进行三阶段名称教学的辨别与发音
操作 9	收回教具，结束活动

五、加法蛇游戏

加法蛇游戏活动的操作步骤及相关说明见表 5-5。

表 5-5　加法蛇游戏

操作步骤	步骤说明
教具准备	大盒内装有 3 个小盒子，3 个小盒子分别为 1 格、2 格、9 格。1 格盒子装有整数 1—9 的灰色串珠棒各 5 根，2 格盒分别装有 20 根金色串珠棒和整数 1—9 的黑白相间串珠棒，9 格盒分别装有整数 1—9 的彩色串珠棒各 10 根。工作毯、纸、笔

续表

操作步骤	步骤说明
操作 1	邀请儿童，引导已经熟悉整数 1—9 数量概念的儿童，介绍说明教具
操作 2	在桌上铺好工作毯，把教具放在毯上
教师说	这些是彩色串珠棒
操作 3	从盒子中将整数 1—9 的彩色串珠棒依次拿出来排在工作毯上
教师说	1 的彩色串珠棒是红色的，（数串珠说）1
教师说	这是 2 的彩色串珠棒，绿色的，（同样数串珠说）1，2
操作 4	3 的彩色串珠棒，4 的彩色串珠棒，一直到 9 的彩色串珠棒，都是同样的操作
操作 5	全部介绍过之后即可进行名称练习
操作 6	将彩色串珠棒从 1 开始在工作毯上按顺序排成金字塔形
操作 7	引导儿童到摆放彩色蛇连续加减法教具的柜前，介绍该教具的名称以及取用的方法，并进行示范；引导孩子把上述材料用托盘端到桌面上
操作 8	从题集册中选题
操作 9	按题中卡通蛇的颜色所示，取相应颜色的彩色串珠棒或灰色串珠棒排成蛇形
操作 10	根据珠棒的数量，在作业纸的空白处抄题。彩色串珠棒为加法，灰色串珠棒为减法
操作 11	用数珠片从左往右数彩珠，满 10 就用金色串珠棒替换。如有余珠，用相等的黑白串珠棒替换。替换下来的彩色串珠棒放在一边
操作 12	如遇灰珠棒（减法），把灰珠棒往前折回，去掉相应的彩珠棒、金色珠棒或黑白珠棒。如有余珠，用黑白珠棒替换
操作 13	验算：把替换下来的彩珠棒和灰珠棒分开，先去掉与灰珠棒等量的彩珠棒，剩下的彩珠棒先进行合 10 操作，不能合 10 的逐个点数，与练习题册中的正确答案对照后，在题式的等号后写上答案。写上班级、姓名、日期
操作 14	收回教具，结束活动

任务解析

一、解析数棒

（一）教育目的

1. 直接目的

（1）通过视觉和触觉感受整数数棒 1—10 的长短变化。

（2）初步感受数的合成这一概念。

2. 间接目的

（1）让儿童形成数序的概念。

（2）为儿童学习十进制做准备。

（3）数量概念的导入。

（4）促进儿童数学心智的发展。

（5）发展儿童的秩序感、专注力、协调性和独立性。

（二）适用年龄

4 岁以上。

（三）兴趣点
鲜艳的颜色，有趣的用具。
（四）注意事项
儿童会跳着数珠粒，这时，可以让儿童用手抓握着数棒来数，或拿最短的那根数棒来量。
（五）延伸操作
数棒10的分解。
1. 教具准备
数棒、两张工作毯、整数1—10的数字卡片。
2. 基本操作
（1）介绍工作名称，散放数棒。

（2）请儿童按顺序将数棒10的合成排列好，将相应的数字卡片摆放好。

（3）从左往右触摸数棒9和1，然后在移开数棒1的同时说："10拿走1是几？"依次进行"10拿走2是几"……拿走的数棒和数卡依次排列在工作毯的右下角。

（4）活动结束，收回教具。

二、解析纺锤棒与纺锤棒箱
（一）教育目的
1. 直接目的
让儿童认识0的发音及概念。
2. 间接目的
（1）促进儿童数学心智的发展。

（2）培养儿童的秩序感和专注力。

（3）向儿童渗透子集和集合的概念。

（4）学习数字的自然排列顺序。

（二）适用年龄
已有数棒操作经验或年龄在3.5岁以上的儿童。
（三）兴趣点
点数纺锤棒的过程。
（四）注意事项
（1）教师点数纺锤棒时一定要读出声音。

（2）纺锤棒共45根，如果丢失要及时补充。

（3）展示尽量以一对一的方式进行。

（五）延伸操作
可改变纺锤棒和纺锤棒箱的形式。

三、解析数字与筹码
（一）教育目的
1. 直接目的
练习点数。

2. 间接目的
（1）促进儿童数学心智的发展。
（2）为学习奇数和偶数做准备。

（二）适用年龄
3.5 岁以上。

（三）兴趣点
点数排列的过程。

（四）注意事项
如果数字里面加 0，则第一次展示时要结合形式卡进行。

（五）延伸操作
（1）可结合形式卡进行筹码的排列。
（2）可配奇数和偶数卡。
（3）可在手工活动中进行数字与筹码的粘贴。

四、解析彩色串珠梯

（一）教育目的
1. 直接目的
练习点数，巩固数与量的对应。
2. 间接目的
（1）为儿童学习数量概念做准备。
（2）为儿童学习数量的等值概念做准备。

（二）适用年龄
3.5 岁以上。

（三）兴趣点
教具本身。

（四）注意事项
拿串珠棒时要捏住边缘。

（五）延伸操作
（1）随机切数彩色串珠棒。
（2）为彩色串珠梯配自制数字卡片。
（3）为彩色串珠梯配纸张工作单。

五、解析加法蛇游戏

（一）教育目的
1. 直接目的
对应数与量的关系。
2. 间接目的
为学习加法做准备。

（二）适用年龄
有过用彩色串珠棒合 10 操作经验的儿童。
（三）兴趣点
教具本身。
（四）注意事项
鼓励儿童反复操作练习。
（五）延伸操作
可将计算过的数学题卡制作成数学小书。

知识总结

一、蒙台梭利数学教育的目的

（一）直接目的
熟悉、认识具有逻辑关系的数量的概念并进行系统的学习。
（二）间接目的
培养儿童的判断力、理解力、想象力和抽象思维能力。

二、蒙台梭利数学教育的特点

蒙台梭利数学教育的含义深远且广泛，它不仅仅是关于数字和计算的教学，更是一种以感官教育为先导，旨在激发儿童的秩序感、专注力，提升他们的排序、对应、分类等能力，使儿童获得包括算术、几何、代数在内的系统化知识的教育方法。

（一）数学来源于生活
蒙台梭利数学教育强调数学来源于生活，现实生活是数学抽象概念的来源。蒙台梭利认为数学研究的不是具体事物自身的特性，而是事物与事物之间的抽象关系，如数、量、形等。

（二）培养数学心智
蒙台梭利数学教育由秩序感衍化而来，强调数学心智的培养。这种心智是人类对数学的敏锐感受性，如自然地形成对周围环境的顺序性认识以及对自己生活的秩序性认知。数学心智应该具备有序、精确的特点。

（三）培养对数学的认识
蒙台梭利数学教育重视数学发展的关键期。数学逻辑思维能力的萌芽期大概处于 1~3 岁的"秩序敏感期"内，此时儿童对配对、分类与排序有特殊的敏感性。到了 4 岁左右，儿童开始对图形、数字等有更深入的感知和理解。

蒙台梭利数学教育的内容大致可以分为三类：算术教育、代数教育和几何教育，这三部分主要通过操作数学教具完成。教具呈现给儿童的是最形象、最基本的数、量与形，帮助他们在操作中感受数量、形状、空间等概念，从而形成直观的数学认知。

（四）培养逻辑思维能力
蒙台梭利数学教育不仅教授数学知识，还注重培养儿童的逻辑思维能力和数学思维能力，使儿童能够逐渐形成数学思维，即观察、比较、分类、联想和推理的能力。同时，也强调手眼协调的重要性，认为这是儿童学习数学的重要基础。

（五）独特的课程体系

蒙台梭利数学教育使用适当的教具，以十进制为起点，然后进入需要使用记忆的四则运算，将数量、数字、数名三者紧密地结合起来。课程设计与教学活动都遵循科学的逻辑流程，把抽象的数学概念系统分层次地融入教具中。教学进度则以儿童的个体学习经验为基础，与儿童的发展进程同步。

（六）抽象事物具体化

数的抽象性和儿童思维的具体、形象化决定了儿童学习数学时，会首先将抽象的事物转化为具体的事物，再依靠反复作用于事物的动作来加深对数的概念的理解，从而发现数学的内在规律。认识十进制就是很有代表性的例证。

任务探索

一、砂纸数字板

（一）探索活动：砂纸数字板

砂纸数字板活动的操作步骤及相关说明见表5-6。

表5-6　砂纸数字板

操作步骤	步骤说明
教师说	介绍活动名称
操作1	请一名儿童帮助教师取一块工作毯
教师说	谢谢小朋友
操作2	取来砂纸数字板放在工作毯上
操作3	拿出1，2，3三个数字的砂纸板反扣在工作毯上
操作4	打开1，教师用右手食指、中指按书写该数字的正确笔顺描摹两遍
教师说	1，1，这是1，你来感受一下
操作5	请儿童边用手指描摹边说出数名
操作6	依次介绍2和3
操作7	用三段式教学法练习整数1—3
操作8	收回教具（指着数字3，说：这是3，然后把相应的砂纸板放回小盒里，同样的方法把砂纸数字板2和1放回小盒里），结束活动

（二）活动分析

根据"砂纸数字板"活动的操作过程，分析该活动的适用年龄、教育目的、兴趣点以及延伸操作，并填写活动分析表，如表5-7所示。

表5-7　活动分析表

考核项目	分析结果	评分
适用年龄		
教育目的		
兴趣点		
延伸操作		
总分		

| 注意事项 | （1）介绍砂纸数字板，每次介绍3个数字。
（2）0的学习要放在完成纺锤棒与纺锤棒箱的工作后再进行。 |

二、减法蛇游戏

（一）探索活动：减法蛇游戏

减法蛇游戏活动的操作步骤及相关说明见表5-8。

表5-8 减法蛇游戏

操作步骤	步骤说明
教具准备	大盒内装有3个小盒子，3个小盒子分别为1格、2格、9格。1格盒子装有整数1—9的灰色串珠棒各5根，2格盒分别装有20根金色串珠棒和1—9的黑白相间串珠棒，9格盒分别装有整数1—9的彩色串珠棒各10根。工作毯、数珠片、题目卡
操作1	介绍活动中灰色串珠棒和黑白串珠棒以及金色串珠棒的用法（介绍蛇形题目卡以及灰色减法珠棒）。再将黑白代替珠棒和灰色减法珠棒按顺序排列在工作毯上
操作2	介绍活动规则，告诉儿童减去的数字要用灰色串珠棒来代替
操作3	写出数学题，例如：9-2+3+2-4-5+1+6=？
操作4	用彩色串珠棒和灰色串珠棒摆一条串珠棒蛇
操作5	每逢够10就要用金色串珠棒来替换。如果不够10，就用黑白串珠棒来代替
操作6	当数到灰色串珠棒时，要把灰色串珠棒折回去向前数
操作7	用数珠片切数。当数到10的时候，就停下数珠片，然后提示儿童要用金色串珠棒替换，剩余的量要用黑白串珠棒来代替，再用数珠片从黑白串珠棒开始往下数，当遇到灰色串珠棒时就要将灰色串珠棒折回与前面的一串珠棒对齐，最后用数珠片向前切数
操作8	得出结果
操作9	验算结果
操作10	收回教具，结束活动

（二）活动分析

根据"减法蛇游戏"活动的操作过程，分析该活动的适用年龄、教育目的、兴趣点以及延伸操作，并填写活动分析表，如表5-9所示。

表5-9 活动分析表

考核项目	分析结果	评分
适用年龄		
教育目的		
兴趣点		
延伸操作		
总分		

能力进阶

根据对"灰黑串珠梯"活动的教育目的、兴趣点等内容的分析，结合三阶段教学法，编写灰黑串珠梯活动的操作步骤（见表5-10），并尝试创造更多的延伸操作。

1. 教具构成
9串圆珠棒，整数1—5是灰色；整数6—9的串珠左侧5粒是灰色，其余是黑色。

2. 适用年龄
3.5岁以上，有数棒操作经验的儿童。

3. 教育目的
（1）直接目的：练习点数，巩固数与量的对应。

（2）间接目的：

①为儿童学习数量概念做准备；

②为儿童学习量的等值概念做准备；

③为儿童学习加减混合计算和数的平方做准备。

4. 兴趣点
灰黑珠的形式。

5. 注意事项
（1）灰黑串珠棒可以摆放成直角三角形或等腰三角形的形状，摆放时要保证灰色珠在左、黑色珠在右。

（2）取放灰黑串珠棒时要捏住珠耳。

（3）灰黑串珠梯要放在工作毯上，用数珠片切数。

表 5–10 灰黑串珠梯活动的操作步骤

操作过程	过程描述
操作步骤	
评分	

二 拓展阅读

蒙台梭利数学教育教师工作展示规则

1. 确定工作的完整性并保持良好的状态。
2. 熟悉工作材料，掌握连贯的操作步骤，不要在操作过程中突然中断。
3. 使用正确的话语来邀请，解说要点须清晰，内容应简单明了。
4. 演示的动作速度要慢。
5. 发出指令要清晰明确，要运用三阶段教学法。

6. 注意观察儿童在演示中的表情，展示时要使儿童能够注意到控制错误的地方。
7. 操作教具时，根据惯用手来决定儿童应在哪个方位。
8. 演示前决定好是在桌子上工作还是工作毯上工作，并配齐工作材料。
9. 重视个别引导，如果是小组引导，要考虑每一个儿童的参与度及感兴趣程度。
10. 安静地观察儿童的工作，允许儿童犯错和重复工作，学会沉默，给予儿童足够的信心，介入时机要恰当。
11. 儿童在工作过程中时，不要纠正他，可记住他忘记的步骤，在下一次给他重新展示时融入一些兴趣点，以引起儿童对工作的兴趣，通过观察儿童来决定下一个新工作的展示时间。
12. 不要用教师的谈话、表扬、纠正等打扰儿童的新工作。
13. 当儿童遇到问题时，教师要加以启发。

>>> 任务检测 RENWU JIANCE

设计数棒的轮回游戏，写出完整的活动展示过程。

任务二　十进制

>>> 任务准备 RENWU ZHUNBEI

一、材料准备

金色串珠组、整数1—10的数字卡、工作毯、绒布等。应根据不同任务内容的要求，准备相应的材料。

二、认识教具

金色串珠组：1粒粒珠代表1，1串串珠代表10，1片片珠代表100，1块块珠代表1 000，都由金黄色塑料制成。金色串珠组如图5-5所示。

图5-5　金色串珠组

任务演示

一、金色串珠组的命名

金色串珠组的命名活动的操作步骤及相关说明见表 5-11。

表 5-11　金色串珠组的命名

操作步骤	步骤说明
教师说	介绍活动名称
操作 1	请一名儿童帮助教师取一块工作毯
教师（双手接过）说	谢谢小朋友
操作 2	请儿童取来金色串珠组，放在工作毯上
操作 3	从右至左摆放次序为粒珠、串珠、片珠、块珠
操作 4	指着粒珠 1
教师说	这是几
操作 5	指着串珠 10
教师说	这串珠子有多少个，你们知道吗？我们用 1 比着数一数
操作 6	右手拿粒珠 1 在串珠 10 的右侧进行比较并点数，1 个 1，……，10 个 1 是 10，这是 10
操作 7	依此方法认识片珠 100，块珠 1 000
操作 8	完整进行三阶段名称教学的辨别和发音
操作 9	收回教具，结束活动

二、数字卡片的命名

数字卡片的命名活动的操作步骤及相关说明见表 5-12。

表 5-12　数字卡片的命名

操作步骤	步骤说明
操作 1	邀请儿童，介绍活动名称，取工作毯、教具
操作 2	将金色串珠组放在工作毯上
教师说	（指着粒珠 1 问）这是几
操作 3	拿出数字卡片 1
教师说	这是 1，它的卡片是绿色的
操作 4	将其放在金色粒珠下方
操作 5	依此法介绍 10，100，1 000，收回金色串珠组，完整进行三阶段名称教学的辨别和发音
操作 6	收回教具，结束活动

三、使用金色串珠组计算

使用金色串珠组计算活动的操作步骤及相关说明见表 5-13。

表 5-13　使用金色串珠计算

操作步骤	步骤说明
操作 1	邀请儿童，介绍活动名称
操作 2	教师在桌上铺绒布，让儿童把金色串珠组（大）搬到桌上

续表

操作步骤	步骤说明
操作 3	教师从右边依次排列 1 的粒珠、10 的串珠、100 的片珠，剩下的金色珠放在教师右侧
教师说	（教师拿起 1 的金色粒珠问）这是几
操作 4	教师从剩余的金色珠中取出单个的珠子
操作 5	在绒布上把用来表示整数 1—9 的粒珠顺次排成一纵列（在排列 9 串粒珠时，要在末端留出摆放代表 10 的串珠的长度，要保证桌面及绒布的大小足够使用）
教师说	数一数有几个
操作 6	让儿童从 1 数到 9
教师说	（数完之后老师再问）9 的后面是多少
操作 7	如果儿童回答 10，就指着 10 的金色串珠棒。然后拿出其他的串珠棒开始排列并数 20，30，40，……，90
操作 8	收回教具，结束活动

四、数字与数量的对应

数字与数量的对应活动的操作步骤及相关说明见表 5-14。

表 5-14　数字与数量的对应

操作步骤	步骤说明
教具准备	1 的粒珠 45 粒、10 的串珠 45 串、100 的片珠 45 片、1 000 的块珠 45 块、工作毯。整数数字卡片：1—9；10—90（10，20，……，90）；100—900（100，200，……，900）；1 000—9 000（1 000，2 000，……，9 000）
操作 1	邀请儿童，介绍活动名称，取工作毯、教具
操作 2	排放个位的粒珠与卡片
操作 3	在右边个位数位置的第一行摆放数字 1 的卡片，在数字 1 卡片旁边对应摆 1 的粒珠
教师说	1 个 1，这是 1
操作 4	在第二行摆放 2 的卡片，卡片右边对应摆放 2 个 1
教师说	（边摆边说）1 个 1，2 个 1，2 个 1 合起来是 2，这是 2
操作 5	同样方法进行整数 3—9 的数量与数字对应
操作 6	在十位数家族第一行摆放 10 的数字卡片，在 10 的数字卡片旁边对应摆放 1 串 10 的串珠
教师说	1 个 10，这是 10
操作 7	在第二行摆放数字 20 的卡片，在卡片右边对应摆放 2 个 10 的串珠
教师说	1 个 10，2 个 10，2 个 10 合起来是 20，这是 20
操作 8	同样方法进行 30—90 的数字与数量对应
操作 9	同样方法进行 100—900，1 000—9 000 的数字与数量对应
操作 10	收回教具，结束活动

五、一的威力

一的威力活动的操作步骤及相关说明见表 5-15。

表 5-15　一的威力

操作步骤	步骤说明
教具准备	1 的粒珠 10 粒、10 的串珠 10 串、100 的片珠 10 片、1 000 的块珠 1 块、托盘、工作毯

续表

操作步骤	步骤说明
操作1	进行9的排列
教师说	（出示9的托盘，介绍）这是个位9的托盘，我们数数托盘里有几粒粒珠
操作2	点数粒珠并排列于工作毯的右边，然后进行十位9和百位9的排列，排完后为999
操作3	教师拿来1粒金色粒珠
教师说	这是1的粒珠，别看它只有1，可是它的威力却很大，让我们来看一看
操作4	将这1的粒珠放在9的粒珠的下面
操作5	从上至下点数粒珠
教师说	1个1，2个1，……，9个1，10个1，原来我有9粒粒珠，再加上1粒粒珠，就是10粒粒珠了，可是个位数家庭最大只能到9，现在我们有10个1，怎么办？我们要将10个1交换成1个10
操作6	将10个1交换成1个10
操作7	将换来的一串10的串珠放在9串10的串珠下面
教师说	十位数家庭最大只能到9个10，现在我们有10个10，怎么办？我们要用10个10去交换1个100
操作8	将10个10交换成1个100
操作9	同样方法将10个100交换成1个1 000
教师说	原来我们有999粒珠子，后来又加上了1个1，是多少？是1 000。这个1 000是怎么来的？我用10个1交换1个10；10个10交换成1个100；10个100交换成1个1 000
操作10	收回教具，结束活动

>>> 任务解析
RENWU JIEXI

一、解析金色串珠组的命名

（一）教育目的

1. 直接目的

让儿童初步接触金色串珠组的材料，学习十进制系统中数量的名称。

2. 间接目的

（1）为儿童学习数量等值概念做准备。

（2）为儿童学习加减混合计算和数的平方（立方）做准备。

（二）适用年龄

4.5岁以上。

（三）兴趣点

金色串珠组各部分材料的命名。

（四）注意事项

（1）用木制托盘盛放金色串珠组。

（2）金色串珠组在工作毯上的摆放位置是个位在右、千位在左。

（3）教师要注意观察儿童的掌握情况，以此决定接下来的展示进度。

（五）延伸操作

数字卡片与金色串珠组。

1. 工具准备

1，10，100，1 000 的金色串珠、片珠、块珠，1，10，100，1 000 的数字卡片。

2. 基本操作

（1）介绍工作名称，取教具放在工作毯上。
（2）教师取出 1 的金色粒珠，说："这是 1。"
（3）取数字卡片放在下面。
（4）同样方法，取、读、配 10，100，1 000。
（5）三阶段教学法练习。
（6）工作结束，收回教具。

二、解析数字卡片的命名

（一）教育目的

1. 直接目的

让儿童初步接触数字卡片，学习十进制系统中数字符号的名称。

2. 间接目的

（1）促进儿童数学心智的发展。
（2）为儿童学习数量概念做准备。

（二）适用年龄

3.5 岁以上。

（三）兴趣点

数字卡片的命名。

（四）注意事项

（1）数字卡片在工作毯上的摆放位置是个位在右、千位在左。
（2）教师要注意观察儿童掌握的情况，以此决定接下来的展示进度。

（五）延伸操作

先出示数字卡片，再找对应的金色串珠。

三、解析使用金色串珠组计算

（一）教育目的

1. 直接目的

（1）强化儿童对 1 000 形成过程的认识。
（2）让儿童熟悉连续数及数顺。
（3）强化儿童对进位的认识。

2. 间接目的

（1）让儿童学会数字和数量的对应关系。
（2）为做四则运算打基础。

（二）适用年龄

3.5 岁以上。

（三）兴趣点

教具本身。

（四）注意事项

注意珠子的排列。

四、解析数字和数量的对应

（一）教育目的

1. 直接目的

（1）巩固对位数个、十、百、千的认识。

（2）学习数量、数字与数名的结合。

2. 间接目的

（1）为学习银行游戏的四则运算做准备。

（2）为学习读写做准备。

（3）培养秩序感、专注力、独立性和协调性等良好品质。

（二）适用年龄

4.5 岁以上。

（三）兴趣点

金色串珠组的排列及点数的过程。

（四）注意事项

（1）数量的排列是从右至左、由个位至千位。

（2）排列时注意横向也要对齐。

五、解析一的威力

（一）教育目的

1. 直接目的

通过交换游戏学习进位及交换的规则。

2. 间接目的

（1）为学习进位加法和进位乘法做准备。

（2）培养秩序感、专注力、独立性和协调性等良好品质。

（二）适用年龄

4.5 岁以上。

（三）兴趣点

排列的顺序和交换的过程。

（四）注意事项

（1）排列金色串珠组时应遵循从右至左、从个位至千位的顺序。

（2）排列金色串珠组时注意横向也要对齐。

>>> 任务探索

一、金色串珠组9的排列

（一）探索活动：金色串珠组9的排列

金色串珠组9的排列活动的操作步骤及相关说明见表5-16。

表5-16 金色串珠组9的排列

操作步骤	步骤说明
教具准备	金色串珠组的9粒1、9串10、9片100、9块1 000，木制托盘1个，工作毯
教师说	介绍活动名称
操作1	请一名儿童帮助教师取一块工作毯
教师（双手接过）说	谢谢小朋友
操作2	取来教具放在工作毯上
操作3	拿出1，2，3三个数字的砂纸板反扣在工作毯上
操作4	将金色串珠组从个位到千位竖着排列在工作毯上
教师说	由上至下数到9后指着粒珠的位置说"这个位置我们叫它个位"
操作5	由上至下数到90后指着串珠的位置说"这个位置我们叫它十位"
操作6	由上至下数到900后指着片珠的位置说"这个位置我们叫它百位"
操作7	由上至下数到9 000后指着片珠的位置说"这个位置我们叫它千位"
操作8	进行三阶段名称教学的辨别和发音
操作9	收回教具，结束活动

（二）活动分析

根据"金色串珠组9的排列"活动的操作过程，分析该活动的适用年龄、教育目的、兴趣点以及延伸操作，并填写活动分析表，如表5-17所示。

表5-17 活动分析表

考核项目	分析结果	评分
适用年龄		
教育目的		
兴趣点		
延伸操作		
总分		

注意事项 金色串珠组在工作毯上的摆放位置是个位在右、千位在左。

二、彩色小数棒

（一）探索活动：彩色小数棒

彩色小数棒活动的操作步骤及相关说明见表5-18。

表5-18 彩色小数棒

操作步骤	步骤说明
教具准备	印有整数1—10的中英文写法的彩色木棒（棒长逐一递减）、工作毯
操作1	介绍活动名称
操作2	请一名儿童帮助教师取一块工作毯
操作3	引导儿童铺上工作毯，在工作毯上按顺序排列10根数棒
操作4	教师坐在儿童右侧，从排列好的数棒中间任意选出1根
操作5	把空出的地方调整好，教师拿数棒提出以下问题
教师说	（以5为例）5的后面是多少？（回答6）5的前面是多少？（回答4）
操作6	观察儿童的反应，隔几天后再重复练习
操作7	收回教具，结束活动

（二）活动分析

根据"彩色小数棒"活动的操作过程，分析该活动的适用年龄、教育目的、兴趣点以及延伸操作，并填写活动分析表，如表5-19所示。

表5-19 活动分析表

考核项目	分析结果	评分
适用年龄		
教育目的		
兴趣点		
延伸操作		
总分		

能力进阶 NENGLI JINJIE

根据对"9的危机"活动的教育目的、兴趣点等内容的分析，结合三阶段教学法，编写9的危机活动的操作步骤（见表5-20），并尝试创造更多的延伸操作。

表5-20 9的危机活动的操作步骤

活动过程	过程描述
操作步骤	
评分	

1. 适用年龄

4.5 岁以上，有金色串珠组操作经验的儿童。

2. 教育目的

直接目的：理解位数之间的进位法则。

间接目的：

（1）促进儿童数学心智的发展；

（2）培养儿童的秩序感和专注力；

（3）为儿童未来学习四则运算做准备。

3. 兴趣点

1 的威力。

4. 指导用语

1 个 1，2 个 1，3 个 1，……，9 个 1；请帮老师再取 1 个 1，10 个 1 是 10。1 个 10，2 个 10，3 个 10，……，9 个 10；请帮老师再取 1 个 10，10 个 10 是 100。1 个 100，2 个 100，3 个 100，……，9 个 100 是 900；请帮老师再取 1 个 100；10 个 100 是 1 000。

任务检测

制作数学计算题卡。

任务三　连续数数

任务准备

一、材料准备

塞根板、彩色串珠、金色串珠、一百板、数字卡、玻璃瓶、工作毯等。应根据不同任务内容的要求，准备相应的材料。

二、认识教具

（一）塞根板 1

塞根板 1 由 2 块长方形木质底板组成，每块底板有 5 个隔断，前 9 个隔断上印着数字 10，第 10 个为空白，可从其右侧插入代表个位上的整数 1—9 的正方形木板。塞根板 1 如图 5-6 所示。

（二）塞根板 2

塞根板 2 由 2 块长方形木板组成，每块木板有 5 个隔断，前 9 个隔断上印着数字 10—

90（10，20，……，90），可从右侧插入代表个位上的整数 1—9 的木板。塞根板 2 如图 5-7 所示。

图 5-6　塞根板 1

图 5-7　塞根板 2

（三）彩色串珠

彩色串珠如图 5-8 所示。

（四）一百板

操作板：印有 10×10 个方格的正方形木板。数字板：印有整数 1—100 的小正方形塑料数字板 100 块。订正板：在 10×10 个方格中依次印有整数 1—100 的正方形纸板。一百板如图 5-9 所示。

图 5-8　彩色串珠

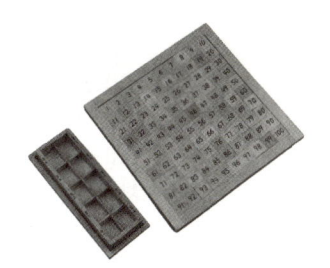

图 5-9　一百板

任务演示

一、塞根板 1（认识整数 11—19）

塞根板 1（认识整数 11—19）活动的操作步骤及相关说明见表 5-21。

塞根板 1

表 5-21　塞根板 1（认识整数 11—19）

操作步骤	步骤说明
教师说	介绍活动名称
操作 1	请一名儿童帮助教师取一块工作毯
教师（双手接过）说	谢谢小朋友
操作 2	请儿童取来塞根板 1，整数 1—9 的彩色串珠，10 的金色串珠放在工作毯上
操作 3	将塞根板的上底板放左侧，下底板放右侧，数字散放
教师说	请小朋友们把数字与彩色串珠排序
操作 4	指着底板上的 10
教师说	这是 10

165

续表

操作步骤	步骤说明
操作 5	取 10 的金色串珠放在左侧
操作 6	取红色串珠 1，放在 10 的金色串珠右侧
教师说	10 和 1 合起来是多少，我们来数一数，10，11，10 和 1 合起来是 11
操作 7	将数字 1 插入塞根板 1 的空白处
教师说	这是 11
操作 8	教师示范到 13，请幼儿合成 14—19
操作 9	进行三阶段名称教学的辨别和发音
操作 10	收回教具，结束活动

二、一百板

一百板活动的操作步骤及相关说明见表 5-22。

表 5-22　一百板

操作步骤	步骤说明
第一次展示：数字排列的基本操作	
教具准备	一百板，工作毯
操作 1	邀请儿童，介绍活动名称，取工作毯、教具
操作 2	将整数 1—10 的数字板面朝上排成一排：从数字 1 开始，按照从左到右的顺序将整数 1—10 一个一个地在操作板上排好
操作 3	将整数 11—20 的数字板，按如上方法在操作板上排好（适当允许儿童自行操作）
操作 4	重复以上的练习，每次只排一组 10 个数字，直到将所有的数字板都摆放到操作板上
操作 5	与订正板核对摆放顺序是否有误
操作 6	收回教具，结束活动
第二次展示：奇偶数的发现	
教具准备	一百板（有控制卡），10 只小玻璃瓶（上面分别贴有标签"1—10""11—20""21—30""……""91—100"，每个玻璃瓶内放着相应的整数数字板），个位金色粒珠、十位金色串珠若干，工作毯
操作 1	邀请儿童，介绍活动名称，取工作毯、教具
操作 2	打开装有整数 1—10 数字板的玻璃瓶，将数字板按顺序排列在操作板上
教师说	1—10 这十个数字中哪些是奇数？哪些是偶数
操作 3	打开装有整数 11—20 数字板的玻璃瓶，将数字板按顺序排列在操作板上
教师说	11—20 这十个数字中哪些是奇数？哪些是偶数
操作 4	边排珠粒边询问，说出整数 11—20 中的所有奇数和偶数
操作 5	随机问其他数字是奇数还是偶数
操作 6	收回教具，结束活动
第三次展示：数字接龙游戏	
操作 1	邀请儿童，介绍活动名称，取教具
操作 2	请一名儿童帮助教师取两张工作毯
操作 3	打开瓶子倒出数字板，教师将数字板分成若干份给儿童，请儿童仔细看手里板上的数字是多少
操作 4	请儿童按顺序将听到的数字对应放在操作板上，全部找完后，仔细观察
操作 5	收回教具，结束活动

任务解析

一、解析塞根板（认识整数11—19）

（一）教育目的

1. 直接目的

让儿童学习整数11—19的组合形式。

2. 间接目的

为儿童学习整数11—19的书写做准备。

（二）适用年龄

4.5岁以上。

（三）兴趣点

数字组合规律。

（四）注意事项

教师要结合对儿童的观察合理安排每次教学的容量，以认识3~5个数字为宜。

二、解析一百板

（一）教育目的

1. 直接目的

练习数整数1—100。

2. 间接目的

（1）促进儿童数学心智的发展。

（2）为儿童学习十进制做准备。

（3）培养儿童的专注力。

（二）适用年龄

4.5岁以上。

（三）兴趣点

数字排列的过程。

（四）注意事项

教师要结合对儿童的观察合理安排每次教学的容量。尽量让儿童总结出奇数、偶数的规律。

（五）延伸操作

纸上作业。

任务探索

塞根板 2

1. 探索活动：塞根板 2

塞根板 2 活动的操作步骤及相关说明见表 5-23。

表 5-23 塞根板 2

操作步骤	步骤说明
教具准备	塞根板 2、彩色串珠 1 盒、9 串 10 的金色串珠、工作毯
操作 1	介绍活动名称
操作 2	请一名儿童帮助教师取一块工作毯
教师（双手接过）说	谢谢小朋友
操作 3	取来教具放在工作毯上，散放彩色串珠
操作 4	将标有 10、20、30、40、50 的底板放左侧，标有 60、70、80、90 的底板放右侧，散放整数 1—9 的数字板
操作 5	分别将彩色串珠与方形数字板进行排序
操作 6	引导儿童观察两侧底板上的数字，用右侧底板扣放在左侧底板上，盖住 20 以下的数（包括 20）
操作 7	复习整数 11—19 的合成
教师说	19 的后面是多少
操作 8	拿出两串 10 的金色串珠，放在左侧底板左侧，打开右侧底板露出 20
操作 9	示范合成整数 21—23
操作 10	其他数字的组合可根据儿童的具体情况让其自行操作
操作 11	收回教具（方法同塞根板 1），结束活动

2. 活动分析

根据"塞根板 2"活动的操作过程，分析该活动的适用年龄、教育目的、兴趣点以及延伸操作，并填写活动分析表，如表 5-24 所示。

表 5-24 活动分析表

考核项目	分析结果	评分
适用年龄		
教育目的		
兴趣点		
延伸操作		
总分		

注意事项 塞根板的工作要根据儿童的掌握情况，分成 5~9 课时完成。

能力进阶

根据对"100 串珠链"活动的教育目的、兴趣点等内容的分析，结合三阶段教学法，编写 100 串珠链活动的操作步骤（见表 5-25），并尝试创造更多的延伸操作。

表 5-25　100 串珠链活动的操作步骤

活动过程	过程描述
操作步骤	
评分	

1. 适用年龄

4.5 岁以上，有一百板的操作经验。

2. 教育目的

直接目的：提高难度，巩固儿童对于连续数的概念。

间接目的：

（1）为儿童学习十进制做准备；

（2）锻炼儿童的数学思维和肢体动作的准确性。

3. 兴趣点

珠链的数学规律。

4. 错误控制

100 串珠链与数字卡片的对应，儿童数数的能力。

>>> 任务检测 RENWU JIANCE

为幼儿园设计数学活动，要求设计内容符合幼儿年龄特点。

任务四　基本算式

>>> 任务准备 RENWU ZHUNBEI

一、材料准备

金色串珠，砂纸数字板，整数 1—10 的数字卡，工作毯，加、减法板，加法组，乘法板，除法板，小珠架，邮票游戏盒，纸、笔，题卡等。应根据不同任务内容的要求，准备相应的材料。

二、认识教具

（一）加减法板

加法板是一块 30 厘米×42 厘米的长方形白色木板，上面印有横 12×纵 18 个小方格。长方形木板的最上方印有整数 1—18 的数字，数字 10 后面有一条纵向的红色分隔线。减法板和加法板大小相同，在 30 厘米×42 厘米的长方形木板上有横 18×纵 12 个方格，木板的最上端写着整数 1—18 的数字。9 的旁边有一条纵向的蓝色分隔线。蓝、红色定规，订正板，题卡分别放在不同的小木盒中。加减法板如图 5-10 所示。

（二）加法组

加法组含六块木片，红色盖木盒答案卡。六块木片的具体内容如下。

加法心算板一：最上面一排蓝色格内数字为被加数，最左侧一列红色格内数字为加数，中间的白色格内数字为和数。

加法心算板二：最左侧一列红色格内数字为被加数和加数，阶梯状白格子为答案区。

加法心算板三：最左侧一列红色格内数字为被加数和加数，右侧呈阶梯状白格子为答案区，带虚线。

加法心算板四：最左侧一列红色格内数字为加数，最上面一排蓝色格内数字为被加数，中间空白格子为答案区。

订正板一：1+1=2，2+2=4，……，9+9=18。此板为习题答案板。

订正板二：呈阶梯状的答案板。

答案卡一盒。加法组如图 5-11 所示。

（三）乘法板

自然色板上有纵、横各 10 排，共 100 个圆穴。板的上方印有整数 1—10 的数字（相当于乘的次数，代表乘数）。左端上方有一个稍大的圆穴，放红色小圆标识（指示乘法次数）。在左侧中央有一圆孔，由侧面插入数字卡片，从圆孔中可看到数字卡片上的数字。木质数字卡片和 100 颗红色圆珠盛放在小木盒内。乘法板如图 5-12 所示。

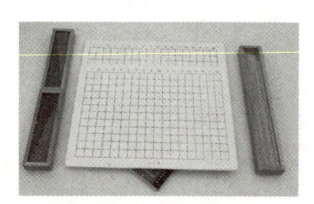

图 5-10 加减法板 　　　　图 5-11 加法组 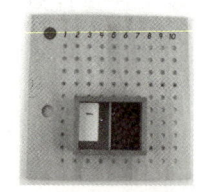　　　　图 5-12 乘法板

（四）除法板

自然色的木板上最上方和最左侧各印有整数 1—9 的黑色数字。最上端横排的数字下有一排较大的圆穴，供填放绿色小人之用，配合纵、横各 9 个数字的位置共有 81 个小圆穴。绿色小人：木制的西洋棋式小人 9 个盛放在小木盒内。绿色珠子：81 颗绿色圆珠，盛放在小木盒内。除法板如图 5-13 所示。

（五）小珠架

小珠架由一种红色、一种蓝色、两种绿色的珠子构成，教具左侧标有 1、10、100、1 000 四个数字。小珠架如图 5-14 所示。

（六）邮票游戏盒

四色邮票108张、小人27个、圆片12个，都装在1个大木盒中。绿色邮票印有数字1；蓝色邮票印有数字10；红色邮票印有数字100；绿色邮票印有的数字1 000。邮票游戏盒如图5-15所示。

图5-13　除法板 　　　　　图5-14　小珠架 　　　　　图5-15　邮票游戏盒

任务演示
RENWU YANSHI

一、加法板

加法板活动的操作步骤及相关说明见表5-26。

表5-26　加法板

操作步骤	步骤说明
	第一次展示：简单计算
操作1	邀请儿童，介绍活动名称
操作2	取加法板放在桌子上，拿出准备好的加法题卡，如"2+3="
操作3	将蓝色定规按整数1—9的顺序从下往上依次排列对齐数字1，排成倒梯形，红色定规同上
操作4	将蓝色定规2放板上，取红色定规3放2的后面
操作5	引导儿童说出答案，"2+3=5"
教师说	把5写在题目卡上
操作6	做完拿订正板检查是否正确
操作7	收回教具（收回时，先把红色定规按原样摆好；左手拿过定规盒，右手先放蓝色定规9，再放蓝色定规8；旁边先放红色定规1，再放红色定规2，依次收回），结束活动
	第二次展示：10的加法练习（10的构成）
操作1	邀请儿童，介绍活动名称
操作2	在加法板上方的左侧按顺序排列整数1—9的蓝色定规
操作3	右侧同样方法排列红色定规
操作4	将蓝色定规1放在加法板印有数字1的小格上面，也取红色定规9放在加法板数字9的小格上面
教师说	1加9等于10
操作5	这时指着答案10和红线（加法板上端所印的数字代表加法的答案）

续表

操作步骤	步骤说明
操作 6	再取 2 的蓝色定规和 8 的红色定规放在加法板上
教师说	2 加 8 等于……10
操作 7	边说边指答案 10 和红线
操作 8	同样进行 3 加 7 等于 10，4 加 6 等于 10，5 加 5 等于 10，6 加 4 等于 10，7 加 3 等于 10，8 加 2 等于 10，9 加 1 等于 10，一直到全部结束

二、加法组

加法组活动的操作步骤及相关说明见表 5-27。

表 5-27　加法组

操作步骤	步骤说明
第一次展示：加法心算板一	
教具准备	加法心算板一、订正板一、题卡、笔、算术本
操作 1	邀请儿童，介绍活动名称
操作 2	取加法心算板一
操作 3	拿出题卡，例如"7+5="，并将算式记录在算术本上
操作 4	右手食指，依照被加数的数字 7，放在最上一排蓝色 7 的位置。左手食指，依照加数的数字 5，放在最左一列红色 5 的位置
操作 5	右手食指向下滑，左手食指向右滑，两指相碰的地方即为题目的答案。将答案记录在算术本上的等号后
操作 6	依照相同步骤，多取题卡进行练习，完成之后用加法订正板一进行校对
操作 7	收回教具，结束活动
第二次展示：加法心算板二	
教具准备	加法心算板二、订正板一、题目卡、笔、算术本
操作 1	取加法心算板二
操作 2	选拿题卡，例如"4+9="，并将算式记录在算术本上
操作 3	右手食指，依照被加数的数字 4，放在最左一列红色 4 的位置。左手食指，依照加数的数字 9，放在最左一列红色 9 的位置
操作 4	右手食指向右滑行到最右侧的答案格内
操作 5	右手食指向下垂直移动，左手食指移向右平行移动，两手指必须同步进行。两手指相遇时的格子就是算式的答案，将答案记录在算式后
操作 6	以相同的步骤，多取题卡进行练习，完成后用加法订正板一进行校对
操作 7	收回教具，结束活动
第三次展示：加法心算板三	
教具准备	加法心算板三、订正板二、题卡、笔、算术本
操作 1	取加法心算板三
操作 2	选拿题卡，例如"4+9="，并将算式记录在算术本上
操作 3	左手食指，依照被加数的数字 4，放在最左一列红色 4 的位置。右手食指，依照加数的数字 9，放在最左一列红色 9 的位置

操作步骤	步骤说明
操作4	两手的食指同时向右滑行至最右侧的答案格内
操作5	上面的手指依照向下向右的步骤向下移动，下面的手指依照向左向上的步骤向上移动，两手食指必须同步进行，每次各走一格，两手指相遇时的格子也就是算式的答案
操作6	依照相同的步骤，多取题卡进行练习，完成后用加法订正板二进行校对
操作7	收回教具，结束活动
第四次展示：加法心算板四	
教具准备	加法心算板四、订正板一、题目卡、笔、算术本
操作1	取加法心算板四
操作2	将答案卡取出后放在工作区左侧
操作3	以记忆方式说出答案，并找出答案卡放在算式后面，如"4+9=13"
操作4	右手食指，依照被加数的数字4，放在最上面一排蓝色数字4的位置。左手食指，依加数的数字9，放在最左一列红色9的位置
操作5	右手食指向下滑，左手食指向右滑，两指相遇的位置即为答案的位置，左手停在格上，用右手二指（拇指与食指）取出答案卡，将答案卡13放在答案格内
操作6	依照相同的步骤，多取题卡练习，完成后用加法订正板一进行校对
操作7	收回教具，结束活动

三、减法板

减法板活动的操作步骤及相关说明见表5-28。

表5-28 减法板

操作步骤	步骤说明
教具准备	工作毯、纸、笔、订正板、题目卡 减法板： ①蓝色定规有9支，整数1—9写在木板右端； ②红色定规有9支，上面标明整数1—9与刻度； ③自然色的木制定规17支，盛放于木盒中。定规的宽均为2厘米，长度以2厘米为单位等差递减，最长的一支为34厘米，最短的一支为2厘米
不用自然色定规的减法练习	
操作1	介绍活动名称，取教具
操作2	请一名儿童帮助教师取一块工作毯
教师（双手接过）说	谢谢小朋友
操作3	请一名儿童将蓝色定规按由上到下、由长到短的顺序摆在减法板上方，再将自然色的17支木质定规放在减法板的右侧
操作4	把题卡上"13-9="的算式写在纸上
教师说	被减数是13，所以我们用自然色定规把数字14后面没用的部分挡上。减数是9，那我们把蓝色定规9拿出来挨着自然色定规放，从蓝色定规的前一个数字得到答案
操作5	订正板验证
操作6	收回教具，结束活动

续表

操作步骤	步骤说明
	使用自然色定规的减法练习
教师说	（指着减法板上的数字17说）我们再来试试从17中减掉9
操作1	从自然色定规中拿起最短的盖在减法板18的数字上面（因为18与这次练习无关）
操作2	取蓝色定规9，一端与减法板数字17对齐
操作3	进行与上个练习相同的操作
教师说	17-9……答案是8
操作4	拿红色定规8排在蓝色定规旁边
操作5	把所有定规都还原
操作6	找一些适当的题目（例如"12-8="），让儿童试试看是否已熟悉减法板的操作
操作7	收回教具，结束活动

四、乘法板

乘法板活动的操作步骤及相关说明见表5-29。

表5-29 乘法板

操作步骤	步骤说明
教具准备	乘法板、题卡、铅笔、橡皮
操作1	介绍活动名称
操作2	请儿童取出乘法板，将乘法板放在桌子上
操作3	将整数1—10的数字卡片依次从上而下放在乘法板的左侧
操作4	选择一张题目卡，如"2×3="
教师说	木质数字卡片表示的是被乘数，这道题目的被乘数是2
操作5	把数字卡片2插入凹槽中
教师说	乘法板上方的数字代表的是乘数，乘数是3，所以把红色小圆标识放在3上面，表示把2重复放3次
操作6	将红色珠子一次放2颗，放3次
教师说	数数总共有多少颗珠子，把数字记录下来
操作7	把红色小圆标识和木质数字卡片放回原位
操作8	再选其他题卡进行练习
操作9	收回教具，结束活动

五、除法板

除法板活动的操作步骤及相关说明见表5-30。

表5-30 除法板

操作步骤	步骤说明
教具准备	除法板、题卡、小碟1个
操作1	介绍活动名称
操作2	出示题卡"6÷3="
教师说	"6÷3"的含义就是把6粒珠子平均分给3个人
操作3	数6颗绿色珠子放入碟中，分别取3个小人放在除法板上方，然后分珠子，引导儿童数一数每个小人分到几颗，说出结果
操作4	收回教具，结束活动

六、银行游戏（不进位加法）

银行游戏（不进位加法）活动的操作步骤及相关说明见表5-31。

表 5-31　银行游戏（不进位加法）

操作步骤	步骤说明
教具准备	数字卡片、金色串珠组、桌布、托盘、大数字卡
操作 1	介绍活动名称（银行游戏，即不进位加法），取教具
操作 2	分别请3名儿童去拿3个不同的数字（注意每个位数上的数字相加的和不能超过9）
教师说	请你们去拿321，1 213，142，先拿卡片，再拿相应的金色珠
操作 3	3名儿童都拿回来后，教师依次验证。以321这个数字为例：从托盘中拿出"300、20、1"三个数字的卡片，再拿相应的金色粒珠、串珠、片珠、块珠，将卡片放在相应的金色珠的下方，按从左往右的顺序放。然后，将三个数字的卡片叠加竖过来滑下，使其靠右边线对齐
操作 4	依次操作剩下两个数字1 213，142
操作 5	将桌布4个角抓握起来，晃一晃，使桌布里的金色串珠组都混在一起。然后，打开桌布将表示个、十、百、千的金色珠分类并清点。每清点完一个位数，就请儿童取相应的大数字卡放在对应的位数下面
教师说	我们先来数有几个1？1，2，3，4，5，6
操作 6	请儿童取来大数字卡6表示个位数的和。接着依次计算十位、百位、千位的和并用大数字卡表示
操作 7	将大数字卡叠加竖过来滑下，使其靠右边对齐
教师说	四个位数上的数字之和分别是6，70，600，1 000，放在一起就是1 676
操作 8	教师整理好儿童的三份数字卡，靠右上角依次竖放
教师说	321，1 213，142 合起来就是1 676
操作 9	将数字卡1 676放在竖式最下面
操作 10	收回教具，结束活动

七、邮票游戏

邮票游戏活动的操作步骤及相关说明见表5-32。

表 5-32　邮票游戏

操作步骤	步骤说明
	第一次展示：加法计算（不进位）
操作 1	介绍活动名称，取教具
操作 2	准备一些4位数，每个位数上的数字相加都不超过9
操作 3	取每种邮票一枚让儿童观察、并记住各表示多少
操作 4	拿出题卡，如"3 142+3 526+1 231="
操作 5	让儿童分别按题目的数字取邮票
操作 6	按个、十、百、千的数位放好
操作 7	从个位开始，把所有个位上的邮票收到一起，然后请儿童算一算是等于几："2+6+1="。依次将十位、百位、千位上的邮票都收拢起来进行点数。点数以后，让儿童记录好各数位上所得的数字
操作 8	引导儿童读出最终答案"7 899"

续表

操作步骤	步骤说明
操作9	多次练习
操作10	收回教具，结束活动
第二次展示：加法计算（进位）	
操作1	介绍活动名称，取教具
操作2	给儿童准备四位数与四位数相加且有进位的数字题，如"3 456+1 846="
操作3	让儿童从加数开始从盒中取邮票，取后按要求分别放好
操作4	3 456应为：个位6枚绿色、十位5枚蓝色、百位4枚红色、千位3枚绿色
操作5	1 846应为：个位6枚绿色、十位4枚蓝色、百位8枚红色、千位1枚绿色
操作6	从个位开始收拢，然后点数：6+6=12，对12进行拆分：12=10+2
教师说	10个"1"可以换成1个"10"
操作7	儿童逐一进行计算、替换。每次替换都要向上一位的格中放相应数量的替换后的邮票
操作8	多次练习
操作9	收回教具，结束活动
第三次展示：乘法计算（不进位）	
操作1	介绍活动名称，取教具
操作2	给儿童出题，保证计算结果不用进位。乘数最好是一位数，并且要小，如"1 121×2="
操作3	让儿童先看被乘数1 121，取出相应数量的邮票，按照加法计算时的方法摆在相应的位数上。摆放时要从右端个位开始
教师说	乘数"2"的意思就是同样的邮票取两次，所以取了第一次，还要取第二次
操作4	让儿童按"1 121"再取一次，摆放在第一次的下面
操作5	从个位开始将邮票收拢点数并记数（做加法计算）
操作6	引导儿童说出最终答案"2 242"
操作7	多次练习
操作8	收回教具，结束活动
第四次展示：乘法计算（进位）	
操作1	介绍活动名称，取教具
操作2	为儿童出题，被乘数可以是4位数，乘数要小一些，可以有进位，如"1 367×2="
操作3	请儿童按"1 367"取出相应的邮票，分别摆好
教师说	乘数2的意思是取两次
操作4	让儿童按"1 367"再取一次邮票摆好
操作5	从个位开始收拢点数（做加法计算）
教师说	个位邮票有14枚，10个1可以换1个10
操作6	把1枚蓝色邮票放到十位处，再做收拢点数并更换
操作7	把四个数位上的邮票全部点数完毕，得出最终结果"2 734"
操作8	多次练习
操作9	收回教具，结束活动

任务解析

一、解析加法板

（一）教育目的

1. 直接目的

练习整数 1—9 中任意两数的加法。

2. 间接目的

（1）帮助儿童发现并总结加法的计算规律。

（2）为儿童将来学习抽象的数学做准备。

（二）适用年龄

5 岁以上。

（三）兴趣点

计算形式的变化。

（四）注意事项

（1）蓝色定规和红色定规是加数，加法板上端印好的整数 1—18 是得数。

（2）此项工作可由两名儿童合作完成。

（五）延伸操作

（1）做加法板 10 的合成工作（9 的合成、8 的合成等）。

（2）可为加法板配上题卡（最开始不要让儿童做过多的题目，保持在一次做 3~5 题为宜，逐渐增至一次 9 道题目）。

二、解析加法组

（一）教育目的

1. 直接目的

学习用加法组做加法。

2. 间接目的

为心算做准备。

（二）适用年龄

5 岁以上。

（三）兴趣点

计算形式的变化。

（四）注意事项

多做题目，以便分析被加数、加数、和这三个数字的奇偶性。

（五）延伸操作

变换算式，多次练习。

三、解析减法板

（一）教育目的

1. 直接目的

运用减法板进行个位数的减法运算。

2. 间接目的

掌握横竖坐标的正确操作方法。

（二）适用年龄

5 岁以上。

（三）兴趣点

计算形式的变化。

（四）注意事项

减法板的蓝色分隔线（在 9 和 10 之间）表示减法的答案是在 9 以下，也就是说红色定规一定出现在蓝色线的左侧。

（五）延伸操作

减法蛇游戏。

四、解析乘法板

（一）教育目的

1. 直接目的

练习整数 1—9 中任意两个数的乘法。

2. 间接目的

帮助儿童发现并总结乘法的计算规律。

（二）适用年龄

4.5 岁以上。

（三）兴趣点

计算形式的变化。

（四）注意事项

（1）白色数字板上印刷的整数 1—10 是被乘数，乘法板上方印刷的整数 1—10 是乘数，100 颗红色的珠子是得数。

（2）此项工作可由两名儿童合作完成。

（五）延伸操作

可为乘法板配上题卡。

五、解析除法板

（一）教育目的

1. 直接目的

练习得数为整数 1—9 中某一数字的除法。

2. 间接目的

帮助儿童发现并总结除法的计算规律。

（二）适用年龄

4.5 岁以上。

（三）兴趣点

变化形式的计算。

（四）注意事项

（1）81 颗绿色珠子是被除数，9 个绿色的小人是除数，除法板左侧印刷的整数 1—9 是得数。

（2）此项工作可由两名儿童合作完成。

（五）延伸操作

可为除法板配上题卡。

六、解析银行游戏

（一）教育目的

1. 直接目的

通过银行游戏学习不进位的加法运算。

2. 间接目的

（1）理解加法的含义。

（2）为银行游戏进位加法和银行游戏乘法的学习做准备。

（3）培养秩序感、专注力、独立性和协调性等良好品质。

（二）适用年龄

4.5 岁以上。

（三）兴趣点

去银行取钱及计算的操作过程。

（四）注意事项

（1）加数和被加数用小数字卡表示，得数用大数字卡表示。

（2）可以用一块桌布将所有珠子裹在一起，让儿童理解什么是合起来。

（3）开始操作时，不给儿童出有零的数字，待加法计算熟练到一定程度后再计算数字中有零的加法题。

（五）延伸操作

进位加法。

七、解析邮票游戏

（一）教育目的

1. 直接目的

学习大数字的不进位，进位和不退位以及退位的四则运算。

2. 间接目的

（1）进一步认识个、十、百、千的数位。

（2）理解四则运算的含义，巩固数位的概念。

（3）培养数学的思维能力。

（二）适用年龄

4.5 岁以上。

（三）兴趣点

去银行取钱及计算的操作过程。

（四）注意事项

题目要依据儿童的能力进行设计。

（五）延伸操作

进行减法计算和除法计算。

任务探索 RENWU TANSUO

一、银行游戏（乘法）

（一）探索活动：银行游戏（乘法）

银行游戏（乘法）活动的操作步骤及相关说明见表 5-33。

表 5-33 银行游戏（乘法）

操作步骤	步骤说明
教具准备	金色串珠组、大数字卡 1 组、小数字卡 2 组、运算符号卡、大托盘 3 个、小碟 3 个
操作 1	介绍活动名称
操作 2	分别请两名儿童去拿一个数（两个人拿同样的数），每个数位上的数字都不能超过 3
教师说	请你们俩去拿 1 232，先拿小数字卡，再拿相应的金色珠
操作 3	两名儿童全部取回后，教师分别进行验证
操作 4	抓住桌布四角将所有金色珠混合起来，打开后将金色珠按个、十、百、千位分类、清点。每清点完一个数位，就请儿童取相应的大数字卡放在对应数字的下面
教师说	我们来查查有几个 1？1，2，3，4，请某某小朋友将 4 的大数字卡拿来
操作 5	60，400，2 000 的操作方法同上
教师说	你们两人拿的数合起来就是 2 464
操作 6	将大数字卡叠加竖过来滑下，使其靠右边线对齐
教师说	你拿的是 1 232，你拿的也是 1 232。两个 1 232 合起来就是 2 464。同样的数目可多次相加，但是这样加很麻烦，所以数学家发明了更简单的方法来表示相同的数相加，把重复几次的相同的数合起来就叫作乘法
操作 5	出示乘号，请儿童认读
教师说	重复拿 2 次就是乘 2
操作 6	把下面一组数字 1 232 拿走，替换上数字 2
教师说	1 232 乘以 2 等于 2 464
操作 8	收回教具，结束活动

（二）活动分析

根据"银行游戏（乘法）"活动的操作过程，分析该活动的适用年龄、教育目的、兴趣点以及延伸操作，并填写活动分析表，如表 5-34 所示。

表 5-34　活动分析表

考核项目	分析结果	评分
适用年龄		
教育目的		
兴趣点		
延伸操作		
总分		

注意事项
1. 可以让儿童轮流担当银行小姐和银行先生。
2. 记录时的书写顺序是先学用竖式记录，再转换成横式记录。
3. 被乘数与乘数用小数字卡表示，得数用大数字卡表示。

二、小珠架

（一）探索活动：小珠架

小珠架活动的操作步骤及相关说明见表 5-35。

算珠小立架

表 5-35　小珠架

操作步骤	步骤说明
教具准备	小珠架、题卡若干、彩笔、金色串珠组
操作 1	邀请儿童，介绍活动名称
操作 2	取来小珠架，让儿童观察小珠架，说出小珠架上有什么
操作 3	拿 1 的金色粒珠 1 颗放在桌子上面，在小珠架个位的珠子处拨 1 颗珠子（由左向右拨）
操作 4	拿 10 的金色串珠 1 串放在桌子上面，在小珠架十位的珠子处拨 1 颗珠子（由左向右拨）
操作 5	百位、千位同上
操作 6	将金色串珠组的 1 111 归位，先收 1 粒珠；将小珠架 1 111 归位，先拨个位 1。依次类推
操作 7	教师发指令，儿童拨珠子
教师说	请你拨出 5，请你拨出 30，请你拨出 200，请你拨出 3 000，现在我们拨出多少？3 235，请你把 3 235 归位
教师说	请你拨出 9，请你添上 1，现在有几个 1？10 个。10 个 1 可以交换 1 个 10
操作 8	左手推个位的 1，右手推十位的 1
教师说	请你再添上 8 个 10，现在有多少了？90，请你再添上一个 10，10 个 10 可以交换 1 个 100，同样的道理，10 个 100 可以交换 1 个 1 000
教师说	现在老师想要回 1 个 100，1 个 1 000 可以交换 10 个 100
操作 9	让儿童一边说一边拨珠。教师发指令，儿童依次拨动珠子，直到个位
操作 10	收回教具，结束活动

（二）活动分析

根据"小珠架"活动的操作过程，分析该活动的适用年龄、教育目的、兴趣点以及延伸操作，并填写活动分析表，如表 5-36 所示。

表5-36　活动分析表

考核项目	分析结果	评分
适用年龄		
教育目的		
兴趣点		
延伸操作		
总分		

能力进阶

根据对"银行游戏（除法）"活动的教育目的、兴趣点等内容的分析，结合三阶段教学法，编写除法板活动的操作步骤（见表5-37），并尝试创造更多的延伸操作。

表5-37　除法板活动的操作步骤

活动过程	过程描述
操作步骤	
评分	

1. 适用年龄

5岁以上。

2. 教育目的

（1）直接目的。

①通过银行游戏学习不退位除法运算；

②感知平均分配是除法的一种。

（2）间接目的。

①理解除法的含义；

②为银行游戏退位除法和银行游戏不借位减法的学习做准备；

③培养秩序感、专注力、独立性和协调性等良好品质。

3. 兴趣点

去银行取钱及计算的操作过程。

4. 错误控制

题卡背面的答案。

任务检测

利用邮票游戏设计减法计算和乘法计算，写出操作步骤。

任务五 分数

任务准备

一、材料准备

分数小人、分数嵌板、托盘等。

二、认识教具

（一）分数小人

木质分数小人1组4个。第一个小人是整体1，第二个等分成2块，第三个等分成3块，第四个等分成4块。分数小人如图5-16所示。

（二）分数嵌板

10块嵌板，分别等分成1份、2份、3份、4份、5份、6份、7份、8份、9份、10份。分数嵌板如图5-17所示。

图 5-16 分数小人

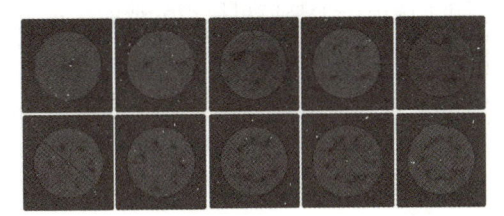

图 5-17 分数嵌板

任务演示

分数小人

分数小人活动的操作步骤及相关说明见表5-38。

表 5-38 分数小人

操作步骤	步骤说明
操作1	介绍活动名称
操作2	取分数小人放在桌子上

续表

操作步骤	步骤说明
操作 3	取出整体 1 的小人
教师说	这是一个完整的小人，也就是 1
操作 4	取出分数小人 2，左右手各握半块向两侧拉开，将两个 1/2 小人分别拿起来进行全方位展示
教师说	一个完整的小人可以分为两个部分，这边是 1/2，这边也是 1/2
操作 5	将两个 1/2 合在一起
教师说	两个 1/2 合在一起又变成一个 1
操作 6	轻轻拿起，比较 1 和两个合在一起的 1/2 小人的底面
教师说	两个 1/2 已经合成 1 了，他们是一样大的
操作 7	再次向儿童展示两个 1/2 合在一起的整体
操作 8	同样方法演示 1/3，1/4 的分数小人
操作 9	全部讲完后，将 1/2，1/3，1/4 其中一份打开，面向儿童介绍颜色，教儿童区分不同个体的颜色
操作 10	讲完颜色后，用三阶段教学法帮助儿童巩固所学知识
操作 11	反复教儿童练习，请儿童分别把 1/2，1/3，1/4 合成一个 1，并问儿童需要几个 1/2，1/3，1/4 才能合成一个 1
操作 12	请儿童按顺序把分数小人放回原处，结束活动

RENWU JIEXI
任务解析

一、教育目的

（一）直接目的

（1）认识一个整体可以被分成若干部分。
（2）初步了解分数。
（3）学习与分数有关的语言。

（二）间接目的

为儿童将来学习分数做准备。

二、适用年龄

4 岁以上。

三、兴趣点

将 1 分成几部分的操作过程。

四、注意事项

尽量采取个别展示的方式。

五、延伸操作

与底座卡的配对。

1. 工具准备

分数小人，与分数小人对应的 1/1（1 张）、1/2（2 张）、1/3（3 张）、1/4（4 张）的底座卡。

2. 基本操作

（1）介绍工作名称，取教具。

（2）竖放分数小人。

（3）拿取第一个小人，打开小人与底座卡配对，依次将剩下的小人与底座卡配对。

（4）收回教具，结束工作。

RENWU TANSUO 任务探索

分数嵌板

1. 探索活动：分数嵌板

分数嵌板活动的操作步骤及相关说明见表 5-39。

表 5-39 分数嵌板

操作步骤	步骤说明
操作 1	介绍活动名称
操作 2	请儿童取来分数嵌板的第 1 块放在桌子上
操作 3	取出整 1 圈
教师说	这是一个整体
操作 4	将整体放置在托盘的前面
操作 5	取出第 2 块嵌板
教师说	这是一个 1/2
操作 6	将其放置在托盘的前面
操作 7	以这种方式操作到该组的第 5 块嵌板（1/5）
操作 8	让儿童认识剩下的 5 块嵌板
操作 9	收回教具，结束活动

2. 活动分析

根据"分数嵌板"活动的操作过程，分析该活动的适用年龄、教育目的、兴趣点以及延伸操作，并填写活动分析表，如表 5-40 所示。

表 5-40 活动分析表

考核项目	分析结果	评分
适用年龄		
教育目的		
兴趣点		
延伸操作		
总分		

注意事项	嵌板和圈是配套的。

能力进阶

根据对"平方珠链"活动的材料准备、教育目的、兴趣点等内容的分析，结合三阶段教学法，编写平方珠链活动的操作步骤（见表5-41），并尝试创造更多的延伸操作。

1. 材料准备
5的平方珠链1条，5的平方片1片，数珠片1片，自制数字卡片（1，2，3，4，5，10，15，20，25），小盒子1个。

2. 适用年龄
5岁以上。

3. 教育目的
直接目的：认识数字5的群数。
间接目的：①为儿童学习十进制做准备；②锻炼儿童的思维和肢体动作的精确性。

4. 兴趣点
数的多变性。

5. 错误控制
5的平方链与数字卡片的对应，儿童数数的能力。

6. 注意事项
（1）要从右至左切数珠链上的珠子。
（2）自制数字卡片的颜色要与珠链的颜色相同。

表5-41 平方珠链活动的操作步骤

操作过程	过程描述
操作步骤	
评分	

任务检测

根据本任务所学，帮助小美自制一个数学教具，并设计简单的操作步骤。

行业楷模

张宗麟，绍兴袍谷人，生于江苏宿迁县（现称宿迁市），2岁时随父母回绍兴原籍。1915年毕业于袍谷敬敷高等小学堂，同年考入绍兴五师。两年后，因带头罢课反对保守的历史教员被除名，后经老师介绍转学至宁波的浙江第四师范。在第四师范就读期间，任学生会主席，积极参加"五四"运动。1920年年初，在袍谷敬敷小学任教。次年，考入南京高等师范教育系。1925年毕业后，留校任教。协助陈鹤琴创办我国第一所幼稚教育实验中心——鼓楼幼稚园，成为中国第一位男性幼稚教师。张宗麟师从陈鹤琴和陶行知，他积极参与两位师长在学前教育方面的许多实验研究，对学前教育基本理论进行了深入的探讨。他的实验研究成果和学前教育论著为探索我国学前教育的中国化、科学化做出了积极的贡献。

1927年2—6月，张宗麟在位于杭州的浙江女子高中任教务主任。"四·一二"反革命政变时加入中国共产党，因国民党大肆屠杀共产党员，不久便与组织失去联系。当年6月，张宗麟返回南京，担任陈鹤琴助手，兼任市教育局学校教育课幼儿教育指导员。9月，兼任晓庄试验乡村师范学校第二院（幼稚师范）指导员。1928年，任晓庄学校教导主任。1930年，与女教师王荆璞结婚，共同创办乡村幼稚园。后因遭国民党通缉，先后避祸于厦门、桂林、重庆、湖北等地，先后担任集美乡村师范校长、桂林师专教师、重庆教育学院教务长、湖北教育学院教育系主任等职。

1936年2月，回上海参加抗日救亡工作，协助陶行知办生活教育社、国难教育社，任光华大学教授、上海《周报》社社长、上海文化界救亡协会训练委员会主办，并参加救国会的核心组织。1937年，以国难教育社代表身份积极参加宋庆龄等人发起的营救爱国"七君子"活动，为国难教育社主编抗战课本。上海沦陷后，组织复社，编辑出版《西行漫记》《鲁迅全集》《列宁全集》等书，被日伪与国民党蓝衣社列为暗杀对象。

1942年，撤离到新四军淮南根据地，任江淮大学秘书长。1943年到延安，任延安大学教育系副主任，被评为陕甘宁边区模范文教工作者。1946年5月，经徐特立、谢觉哉介绍重新入党。1947年后任北方大学文教学院院长、华北大学教研室主任、北平军管会教育接管部副部长。

中华人民共和国成立后，历任教育部高等教育司副司长，高等教育部计划财务司副司长、司长，重视教育质量和教育体制的建设，明确表示不同意机械照搬苏联经验。

张宗麟主要著作有《幼稚教育概论》《给小朋友的信》《乡村教育经验谈》《幼稚教育论文集》（与陶行知、陈鹤琴合著）、《乡村小学教材研究》《幼稚园的演变史》等。

项目总结

蒙台梭利的数学教育强调，数学教育不仅仅是对数字和计算的教学，更是一种对数学心智的培养和对数学逻辑思维能力的训练。

蒙台梭利数学教育以感官教育为先导，通过让儿童直接接触和操作数学教育教具，如数棒、砂纸数字板等，来感知和理解数学的基本概念。这种直观的教学方法有助于儿童形成对数学的具象化认知，并激发他们对数学的兴趣和好奇心。

此外，蒙台梭利数学教育也注重培养儿童的秩序感和专注力。通过有序的数学活动和精确的操作要求，逐渐培养儿童的秩序感和逻辑思维能力，同时也提高了他们的专注力和耐心。

在教学特点方面，蒙台梭利数学教育强调数学来源于生活，将数学知识与实际生活紧密联系起来。这种教学方法有助于儿童理解数学的实际意义和应用价值，从而更好地掌握数学知识。蒙台梭利数学教育的价值不仅在于对数学知识的掌握，更在于对儿童的数学逻辑思维能力和解决问题能力的培养。通过系统的数学教育和丰富的数学活动，使儿童能够逐渐形成数学的思维模式，发展他们的逻辑思维能力和创新能力。

问题解析

问题一

小明是一个5岁的男孩，他在进行蒙台梭利数学教育中的"十进制"学习时遇到了困难。他总是无法准确理解个位、十位之间的关系，以及在进位和退位时的变化。

分析：

5岁儿童的抽象思维还处于发展阶段，可能难以理解十进制这种较为抽象的概念。小明可能没有足够的机会通过实际操作来感受和理解何为十进制，也可能目前的教学方法对小明来说过于抽象或难以理解。

教师可以使用蒙台梭利的金色串珠组或其他相关教具来帮助小明理解十进制。例如，金色串珠组中的粒珠（代表1）、串珠（代表10）和片珠（代表100）可以直观地展示个位、十位和百位之间的关系。

一、设计实践活动

教师可以设计一些与十进制相关的实践活动，如"超市购物游戏"。在游戏中，小明需要计算商品的总价，并在遇到进位和退位时进行调整。这样的活动可以让小明在实际操作中体验和理解十进制。

二、个性化指导

教师需要根据小明的实际情况，提供个性化的指导。例如，对于小明难以理解的概念，教师可以采用更直观、更生动的方式来解释。教师还需要鼓励小明多思考、多尝试，并给予他足够的耐心和支持。当小明取得进步时，教师要及时给予表扬和鼓励，增强他的自信心。

三、家校合作

教师需要与家长保持密切的沟通，向家长介绍小明在数学学习中遇到的困难和问题，并寻求家长的支持和帮助。家长可以在家中为小明提供与十进制相关的练习材料或玩具，如积木、拼图等，让他在游戏中巩固所学知识。同时，家长也要关注小明的情感变化，给予他足够的关爱和鼓励。

通过以上方法，小明可以逐渐克服在蒙台梭利数学教育中遇到的困难，提高自己的数学能力和学习兴趣。

问题二

数字排序与序列理解

小红在尝试将数字卡片按从小到大的顺序排列时，经常出错，她无法准确理解数字之间的顺序关系。

分析：

小红可能还没有完全掌握数字的概念，或者她对数字之间的顺序关系缺乏直观的认识。

教师可使用蒙台梭利数棒或其他数学教育教具，让小红通过触摸和观察来感受数字的大小和顺序。设计一些排序游戏，如"数字接龙"或"数字拼图"，让小红在游戏中学习和理解数字的顺序关系。

问题三

形状识别与分类

小刚在识别和分类不同形状时感到困难，他无法准确区分圆形、正方形、三角形等形状。

分析：

小刚可能还没有建立起对形状特征的直观认识，或者他缺乏足够的实践经验来区分不同的形状。

教师可使用蒙台梭利形状教具，如形状嵌板或形状积木，让小刚通过触摸和观察来感受不同形状的特征。设计一些形状分类游戏，如"形状找朋友"或"形状拼图"，让小刚在游戏中学习和理解不同形状的分类。

问题四

数量守恒概念的理解

小丽在观察两个数量相等的物体集合时，如果其中一个集合的形状或排列方式发生变化，她就无法判断两个集合的数量是否还相等。

分析：

小丽可能还没有形成数量守恒的概念，她认为物体的数量与其形状或排列方式有关。

教师可使用蒙台梭利守恒板等教具，让小丽观察在物体形状或排列方式改变时，其数量是否发生变化。设计一些守恒实验，如"倒水实验"或"移动物体实验"，让小丽在实际操作中理解和巩固数量守恒的概念。

项目思考

为小美设计一次综合性的数学教育活动，并讨论以下问题。

（1）怎样结合生活中的事物开展数学教育？

（2）蒙台梭利数学教育的优势表现在哪些方面？我们的教学可以做哪些方面的延伸？

项目六
蒙台梭利科学文化教育活动

蒙台梭利曾说:"我不能带你们去看世界,但我可以把世界带给你。"科学是观察大自然的产物,是日常的现象,用细微的方法来分析自然现象并弄清楚原委,这就是科学。科学来源于生活,生活离不开科学。

让儿童学习科学文化知识不只是要他们更聪明,最重要的是使他们了解环境,进而尊重环境、尊重别人、尊重自己。同时,可以培养儿童看待世界的正确态度,使世界在未来可以变得更和平。所以,在儿童时期进行科学文化教育,充实他们的生活经验,可以使儿童变得爱学习、喜欢钻研、更加自信,对人、对世界充满爱。

蒙台梭利科学文化教育涉及动物学、植物学、历史学、地理学、天文学、物理学等方面的知识,可以满足儿童的求知欲,助其掌握规律的学习方法,建构科学的世界观,初步培养儿童关爱世界的博大胸怀,让他们在了解这个奇妙世界的同时,更好地与它和谐共处。

项目情境

花花幼儿园即将开展"小小科学家"探险活动。教师小美在这个活动中设置了一片神秘的"科学森林"。森林里有各种各样的植物、昆虫和小动物。小朋友们可以带上放大镜、小铲子等工具,一起探索这片神秘的森林。小美设计了一些互动环节,比如,让小朋友们寻找不同形状的叶子,或者观察昆虫的生活习性。小美还设置了一个"科学实验室",让小朋友们能在里面亲手做一些简单的实验,比如,用醋和小苏打制作火山爆发的效果。这样,小朋友们就能在玩耍中学习到科学知识,培养起对科学的兴趣和好奇心。你觉得这个主意怎么样呢?

项目目标

知识目标

掌握蒙台梭利科学文化教育的意义、目的、内容。

技能目标

学会蒙台梭利科学文化教育教具的操作。

能够设计蒙台梭利科学文化教育的内容。

尝试利用周边事物进行蒙台梭利科学文化教育。

素质目标

探索蒙台梭利科学文化教育的价值。

任务一 地理探索

>>> 任务准备

一、材料准备

地球仪、八大行星嵌板、世界地图拼板、亚洲地图拼板、圆球、名称卡、国家标签、三段卡、工作毯、彩色橡皮泥、切刀、彩笔、纸、瓶子、托盘、文字卡等。应根据不同任务内容的要求,准备相应的材料。

二、认识教具

(一)地球仪

准备一个地球仪。

(二)八大行星嵌板

八大行星嵌板,如图 6-1 所示。

图 6-1 八大行星嵌板

任务演示

一、地球仪

地球仪活动的操作步骤及相关说明见表6-1。

表6-1 地球仪

操作步骤	步骤说明
教具准备	地球仪、彩色橡皮泥（红色、橙色、棕色）、小切刀、彩笔、纸
第一次展示：认识地球仪	
教师说	今天老师带小朋友们认识地球仪
操作1	请一名儿童和教师一起取地球仪放在桌面上
操作2	教师出示地球仪
教师说	这是地球仪，是一个缩小的地球。我们就住在地球上。请小朋友们观察一下，地球是什么形状？地球是个球体，有两个极，南极和北极，分别在地球的最南边和最北边
操作3	教师旋转地球仪，让儿童仔细观察
教师说	在地球仪上，黄色的部分是陆地，蓝色的部分是海洋
操作4	带领儿童找一找七大洲和四大洋的位置，并告知名称
教师说	请你找一找最大的大洋是哪个
操作5	反复寻找大洲和大洋的位置
操作6	将教具归位
第二次展示：认识地球内部构造	
教师说	今天老师带小朋友们认识地球仪
操作1	请一名儿童和教师一起取地球仪放在桌面上
操作2	教师出示地球仪
教师说	这是地球仪。我们生活在地球上，地球的形状和地球仪是一样的，地球上面有山河海洋，有各种各样的动物和植物。那么小朋友们知道地球是什么样子的吗
教师说	现在我们就用橡皮泥来做一个小小的地球
操作3	教师示范，先将红色的橡皮泥搓成一个小团，在红色外面包上一层橙色，最后在外面包上一层棕色，再搓成一个圆球状
操作4	教师取来小刀，将橡皮泥球从中间切开，请儿童观察切面的特点
教师说	这个小球就像是我们的地球，红色的部分是地核，它分为内核和外核，是最厚的部分；橙色的是地幔；棕色的是地壳
操作5	将切开的"小地球"让儿童传看
操作6	教师将地球的内部构造用彩色笔画下来
操作7	请儿童试着操作
操作8	将教具归位

二、世界地图拼板

世界地图拼板活动的操作步骤及相关说明见表 6-2。

表 6-2 世界地图拼板

操作步骤	步骤说明
教具准备	世界地图拼板、名称卡
操作 1	邀请儿童，介绍活动名称
操作 2	取来教具放在工作毯上
操作 3	每次取一块，依次取出各洲的拼图块
操作 4	边取边说出拼图块的名称
操作 5	把所有洲的拼图块排列在工作毯的左边
操作 6	进行三阶段名称教学的辨别和发音
操作 7	从盒子里取出名称卡，一一念出并把卡放在一旁排列好
操作 8	将拼图块和名称卡配对
操作 9	把名称卡翻过来，对照卡背面的色彩标志进行检查
操作 10	收回教具，结束活动

三、亚洲地图拼板

亚洲地图拼板活动的操作步骤及相关说明见表 6-3。

表 6-3 亚洲地图拼板

操作步骤	步骤说明
教具准备	世界地图拼板、亚洲地图拼板、亚洲各国标签
操作 1	邀请儿童，介绍活动名称
操作 2	取来世界地图拼板，请儿童找出亚洲的位置
操作 3	将亚洲地图拼板和世界地图拼板上的亚洲部分做比较
操作 4	找到亚洲地图拼板里的中国部分，把它放在拼板的右边，向儿童介绍中国是我们的祖国
操作 5	继续找出韩国、日本等相邻国家，请儿童辨认
操作 6	收回教具，结束活动

四、八大行星嵌板

八大行星嵌板活动的操作步骤及相关说明见表 6-4。

表 6-4 八大行星嵌板

操作步骤	步骤说明
教具准备	八大行星嵌板、工作毯
教师说	今天老师带小朋友们认识行星
操作 1	请一名儿童帮助教师取一块工作毯
教师说	谢谢小朋友
操作 2	请一名儿童和教师一起取来八大行星嵌板放在工作毯上
操作 3	教师将八大行星嵌板向儿童展示，提示嵌板上有 8 个球
教师说	小朋友们，在晚上看天空的时候，除了能看见月亮，还能看到什么啊？是星星。星星其实是一个一个的星球，它们都非常大，但因为离地球非常远，所以看上去显得很小。在这些星星当中，有一些是围绕太阳转的，这些星星叫作太阳系行星。这样的行星一共有 8 颗

续表

操作步骤	步骤说明
操作 4	教师指着嵌板中央红色的星球，让儿童仔细观察
教师说	这个红色的星球就是太阳，在太阳的周围有 8 颗行星，这 8 颗行星沿着自己的轨道围绕太阳转动
操作 5	教师指出圆形的轨道，请儿童注意那些圆形的圈
教师说	这些就是行星的轨道
操作 6	请一名儿童上前来，沿着星球的轨道抚摸一遍
教师说	这是水星、火星、木星的轨道
操作 7	请儿童找出离太阳最近的行星，每次介绍不同的行星名称。特别介绍地球，强调地球也是一颗行星，也在绕着太阳转动
操作 8	收回教具，结束活动

五、认识陆地、空气和水

认识陆地、空气和水活动的操作步骤及相关说明见表 6-5。

表 6-5　认识陆地、空气和水

操作步骤	步骤说明
教具准备	一个装有土壤的褐色瓶子，一个装有水的蓝色瓶子，一个空的白色瓶子，气球，一根绑有丝带的木棍，标签（陆地、水、空气）
教师说	今天老师带小朋友们认识陆地、水和空气
操作 1	把三个瓶子放在儿童面前
教师说	（教师指着装有土壤的瓶子问）你们看这个瓶子里有什么
教师说	这是土壤，它覆盖在地球表面组成陆地。你们在哪里能看到陆地
操作 2	请儿童讨论
教师说	陆地无处不在。长出树和草的土壤是可以直接看到的陆地。公路和建筑物下面也有陆地
教师说	（教师指着装有水的瓶子问）小朋友们，你看这个瓶子里有什么
教师说	（儿童回答，教师问）你们在哪里能发现水呢
操作 3	请儿童进行讨论
教师说	（教师引导）我们在海洋、河流、湖泊中都能发现水
教师说	（教师指着空瓶子问）小朋友们，你们在这个瓶子里观察到了什么
操作 4	请儿童进行讨论
教师说	这个瓶子看上去是空的，里面既没有土壤，也没有水，但实际上却有一种东西在里面
操作 5	教师拿出气球，把气球口对着丝带松开，让气流吹动丝带
教师说	是什么让丝带飘动的呢？是一种摸不到的东西，它叫空气，我们虽然看不见空气，但它却存在于我们周围。气球因为充满了空气而膨胀，丝带因为空气的流动而飘扬，这个白色的瓶子里也装满了空气
教师说	（教师分别指着各个瓶子说）地球上有陆地和水，陆地和水的上面是空气
操作 6	收回教具，结束活动

六、做地形

做地形活动的操作步骤及相关说明见表 6-6。

表 6-6　做地形

操作步骤	步骤说明
教具准备	①两个圆形浅边小盆，内有用防水材料做好的标志； ②杯子，勺、小漏勺、沙石、塑料小树、小船； ③标志卡（写有"湖""岛"名称的圆形标志）、托盘、清洁海绵
操作 1	邀请儿童，介绍活动名称
操作 2	取来教具放在桌子上
操作 3	将杯中的沙石倒在小圆盆中"岛"的标志上
操作 4	用双手手指将沙石尽量拨到标志上，形成一个中间高、旁边低的圆形带
操作 5	把剩下的沙石倒在另一个小圆盆中的绿色环形带上
操作 6	用双手手指将沙石尽量拨到标志上，形成一个中间低、旁边逐渐高起来的环形带
操作 7	用空杯子装水，倒入两个小圆盆的蓝色空间，形成"岛"和"湖"
操作 8	把塑料小树和小船放到"小岛"上及"湖水"中
操作 9	对照标志卡，念读"湖""岛"
操作 10	进行三阶段名称教学的辨别和发音
操作 11	收回教具，结束活动

七、认识国旗

认识国旗活动的操作步骤及相关说明见表 6-7。

表 6-7　认识国旗

操作步骤	步骤说明
教具准备	国旗三段卡、工作毯
操作 1	邀请儿童，铺好工作毯，介绍活动名称
操作 2	取来教具放在工作毯上
操作 3	教师取来五星红旗的图片卡
教师说	请小朋友们想一想在哪里见过
操作 4	儿童思考回答
教师说	这是五星红旗，是中国的国旗
操作 5	找到五星红旗的名称卡与之配对
操作 6	依次介绍其他国家国旗的图片卡并与名称卡配对
操作 7	请儿童用控制卡校对
操作 8	反复练习
操作 9	收回教具，结束活动

RENWU JIEXI
任务解析

一、解析地球仪

（一）教育目的

1. 直接目的

（1）认识陆地、海洋，初步认识大洋和大洲。

（2）锻炼语言表达能力，学会精确使用词语。

2. 间接目的

（1）建立空间方位感，培养广阔的宇宙感。

（2）培养热爱科学的情感。

（二）适用年龄

4.5 岁以上。

（三）兴趣点

教具本身。

（四）延伸操作

进一步认识陆地、空气和水。

1. 工具准备

地球仪、一个装有土壤的褐色瓶子、一个装有水的蓝色瓶子和一个空的白色瓶子。

2. 基本操作

（1）请小朋友们观察瓶子里都有什么？

（2）请小朋友们在地球仪上找到陆地和水。

二、解析世界地图拼板

（一）教育目的

1. 直接目的

（1）各大洲名称的练习。

（2）各大洲位置的辨认。

2. 间接目的

建立空间方位感，培养广阔的宇宙感。

（二）适用年龄

4.5 岁以上。

（三）兴趣点

精美的用具，鲜艳的颜色。

（四）注意事项

世界地图拼板中各洲的轮廓。

（五）延伸操作

画世界地图。

三、解析亚洲地图拼板

（一）教育目的

1. 直接目的

认识自己所在的洲，了解亚洲是由许多个国家组成的。

2. 间接目的

了解亚洲各个国家的名称。

（二）适用年龄

4.5 岁以上。

（三）兴趣点
对亚洲的兴趣。

（四）注意事项
教师应给儿童提供充分的时间操作嵌板。

（五）延伸操作
画亚洲地图。

四、解析八大行星嵌板

（一）教育目的
1. 直接目的
（1）增加儿童对太阳系的兴趣。
（2）认识太阳系的八大行星。
（3）了解行星沿着各自轨道围绕太阳运行。

2. 间接目的
（1）为学习八大行星三段卡做准备。
（2）培养儿童的宇宙观及科学探索精神。

（二）适用年龄
5岁以上。

（三）兴趣点
太阳系的故事。

（四）延伸操作
行星运转游戏。

1. 工具准备
1个发亮的球体，8个球。

2. 基本操作
（1）请9名儿童参与行星运转游戏。
（2）请1名儿童站在中间，举起发亮的球体代表太阳。
（3）请其他8名儿童各拿一个球代表一颗行星，站在轨道上沿着轨道绕着发亮球体走。
（4）活动结束后将教具归位。

五、解析认识陆地、空气和水

（一）教育目的
1. 直接目的
增加儿童对地球环境的兴趣和了解。

2. 间接目的
了解地球的基本组成要素，为下一步学习地理知识做准备。

（二）适用年龄
3岁以上。

（三）兴趣点
教具本身。
（四）延伸操作
了解生活在陆地、水中的动植物并进行分类。

六、解析做地形
（一）教育目的
1. 直接目的
知道岛、湖的名称。
2. 间接目的
理解岛、湖的概念。
（二）适用年龄
2.5岁以上。
（三）兴趣点
有趣的教具，自己动手的乐趣。
（四）注意事项
收回教具时注意用清洁海绵擦干再收回到托盘中。

七、解析认识国旗
（一）教育目的
1. 直接目的
认识不同国家的国旗。
2. 间接目的
培养爱国情感。
（二）适用年龄
4岁以上。
（三）兴趣点
教具本身。
（四）注意事项
依据儿童的能力设置教学内容的多少。
（五）活动延伸
进行插国旗的活动，将小国旗插在相应国家的地图位置上。

>>> 知识总结

一、蒙台梭利科学文化教育的内容
蒙台梭利科学文化教育包括以下几方面的内容。
（一）地理教育
地理教育的内容广泛而深入，包括天空、陆地、海洋等自然现象的形成和演变，以及地形地貌的特点和分布。儿童将通过观察、研究和讨论，了解地球上山川、河流、湖泊、海洋等自然景观的奥秘。

人文地理也是蒙台梭利地理教育的重要内容。儿童会学习到不同国家和地区的位置、特点、风土人情等，了解到世界各大洲的文化和历史背景。他们将通过学习，认识到地球上文化的多样性，培养出对多元文化的尊重和包容。

（二）自然科学探索

自然科学探索是蒙台梭利科学文化教育的重要组成部分。儿童通过观察、实验和研究，深入了解动物、植物、地理、天文等自然科学领域的知识。例如，他们可以通过观察鱼类、鸟类等动物，了解它们的习性和特点；通过种植和照料植物，了解植物的生长过程；通过制作地球仪，学习地理知识；通过观测星空，了解天文现象。

（三）历史文化

蒙台梭利教学法强调儿童对民族文化的了解和认同。因此，科学文化教育的内容也包括对历史和传统文化的介绍。儿童可以学习各个国家的历史沿革、文化传统、著名建筑等，从而培养对多元文化的理解和尊重，提升自己的地理素养和跨文化交流能力，为未来的学习和生活奠定坚实的基础。

（四）科学实验

科学实验是儿童学习科学的重要手段。通过亲手操作实验器材、观察实验现象，儿童可以更加直观地理解科学原理，培养实践能力和创新精神。

蒙台梭利科学文化教育既注重对基础知识的传授，又强调对实践和探索能力的培养，力求让儿童通过全面、系统的学习，建立起对科学文化的热爱和兴趣，为未来的学习和生活奠定坚实的基础。

二、蒙台梭利科学文化教育的目的

蒙台梭利科学文化教育的目的，在于引导儿童打开智慧的大门，探索世界的奥秘，通过培养儿童对科学文化的浓厚兴趣，让他们能从对自己周围环境的学习和了解中建构起对世界的认知。通过动物、植物、历史、地理等丰富多样的科学文化教育教具和实践活动，蒙台梭利科学文化教育能帮助儿童了解自己居住的大环境，认识宇宙万物的奥秘，掌握认识事物的方法。在这个过程中，儿童的好奇心和求知欲被激发，他们开始接触并热爱周围的世界，逐渐增强环境意识，获得宝贵的科学经验。

蒙台梭利科学文化教育注重培养儿童对民族文化的热爱和自豪感。通过学习民族文化，儿童能够更好地理解自己的文化根源，传承和发扬优秀的民族文化传统。这样的教育不仅能让儿童在知识上得到丰富，更能在情感上得到滋养，培养他们成为有智慧、有情感、有责任感的新一代。科学文化教育的目的不仅是让儿童掌握科学文化知识，更是要引导他们走向全面而和谐的发展之路，成为未来的社会栋梁之材。

三、蒙台梭利科学文化教育的意义

蒙台梭利科学文化教育不仅仅是一种教育手段，更是一种助力儿童全面发展、启迪智慧的重要方式。

首先，蒙台梭利科学文化教育有助于儿童建立对世界的完整认知。通过科学文化教育，儿童能够接触到自然科学、历史、地理、文化等多个领域的知识，从而构建起对世界的全面认识。这种认知不仅能够帮助他们更好地理解和适应周围环境，还能够激发他们的好奇心和求知欲，促进他们的主动学习和发展。

其次，蒙台梭利科学文化教育有助于培养儿童的实践能力和创新精神。在蒙台梭利的教育环境中，儿童可以通过各种实践活动和实验来探索科学世界的奥秘，这不仅能够锻炼他们的动手能力，还能够培养他们的观察力和思考力。同时，科学文化教育也鼓励儿童进行创造性思考和尝试，从而培养他们的创新精神和解决问题的能力。

最后，蒙台梭利科学文化教育还有助于培养儿童的环境意识和社会责任感。通过学习和了解环境保护、可持续发展等知识，儿童能够认识到人类与自然环境的相互关系，学会珍惜和保护自然资源。同时，科学文化教育也能够引导儿童关注社会问题，培养他们的社会责任感和公民意识。

任务探索

一、国旗三段卡

（一）探索活动：国旗三段卡

国旗三段卡活动的操作步骤及相关说明见表6-8。

表6-8 国旗三段卡

操作步骤	步骤说明
教具准备	国旗全称卡、国旗图片卡、国旗名称卡、托盘
操作1	邀请儿童，取教具
操作2	取出全称卡，拿起最上面的一张，辨认并读卡，再把卡放在桌子上
操作3	用同样的方法，逐一辨认并排列好所有的全称卡
操作4	取出图片卡，拿起最上面的一张，靠近排列好的全称卡，仔细比较、辨认
操作5	如果对应，就把图片卡放在该全称卡的右边
操作6	如果不对应，就继续移动、比较、辨别，直到找到相对应的
操作7	取出名称卡，拿起最上面的一张，靠近排列好的全称卡，仔细比较、辨认
操作8	如果对应，就把卡放在图片卡的下边
操作9	收回教具，结束活动

（二）活动分析

根据"国旗三段卡"活动的操作过程，分析该活动的适用年龄、教育目的、兴趣点以及延伸操作，并填写活动分析表，如表6-9所示。

表6-9 活动分析表

考核项目	分析结果	评分
适用年龄		
教育目的		
兴趣点		
延伸操作		
总分		

二、制作地图

（一）探索活动：制作地图

制作地图活动的操作步骤及相关说明见表 6-10。

表 6-10　制作地图

操作步骤	步骤说明
教具准备	①世界地图拼图； ②一次性纸盘若干个； ③棕色橡皮泥； ④彩色铅笔一盒
操作 1	邀请儿童，介绍活动名称
操作 2	取一个一次性纸盘和一块大洲的拼图
操作 3	将大洲的拼图放在一次性纸盘上，用彩色铅笔描出拼图的轮廓
教师说	把拼图放回，将纸盘上描的轮廓内部用棕色橡皮泥填满，其余地方涂上蓝色即可
操作 4	依次做出其他各洲的地图，写上名字、日期、洲名
操作 5	收回教具，结束活动

（二）活动分析

根据"制作地图"活动的操作过程，分析该活动的适用年龄、教育目的、兴趣点以及延伸操作，并填写活动分析，如表 6-11 所示。

表 6-11　活动分析

考核项目	分析结果	评分
适用年龄		
教育目的		
兴趣点		
延伸操作		
总分		

>>> 能力进阶
NENGLI JINJIE

根据对"地形三段卡"活动的教育目的、兴趣点等内容的分析，结合三阶段教学法，编写地形三段卡活动的操作步骤（见表 6-12），并尝试创造更多的延伸操作。

1. 教具构成

地形的全称卡、地形的图片卡、地形的名称卡。

2. 适用年龄

3 岁以上。

3. 教育目的

①熟悉不同的地形形状。
②不同地形的名称记忆练习。

4. 兴趣点

精美的图片，不同的地形造型。

表 6-12 地形三段卡活动的操作步骤

活动过程	过程说明
操作步骤	
评分	

拓展阅读

蒙台梭利科学文化教育的深度解读

蒙台梭利科学文化教育不仅仅是教室内的科学实验和观察活动，更是一种生活态度和思维方式的培养。通过阅读相关书籍和资料，我们可以深入了解蒙台梭利科学文化教育的核心理念和实践方法，从而更好地指导儿童进行科学探索和学习。

阅读实践案例是了解蒙台梭利科学文化教育实际应用的有效途径。这些案例可以展示教师在不同环境中如何运用蒙台梭利教学法进行科学文化教育，以及儿童在这些活动中的表现和收获。通过案例学习，我们可以汲取经验，提升自己的教学水平。

将蒙台梭利科学文化教育理念与其他教育理论进行比较研究，有助于我们更全面地认识其优点和不足。通过比较不同教育理论的异同点，我们可以发现蒙台梭利科学文化教育在培养儿童科学素养方面的独特之处，也可以借鉴其他教育理论的有益经验，为蒙台梭利科学文化教育的实践提供新的思路和方法。

随着科技的不断进步和社会的发展，科学文化教育在幼儿教育中的地位越来越重要。通过阅读关于蒙台梭利科学文化教育未来发展趋势的文章和报告，我们可以了解当前科学文化教育的最新动态和发展方向，为未来的教学实践做好准备。

家长在儿童的科学文化教育中扮演着重要的角色。阅读蒙台梭利科学文化教育的家长指导手册，可以帮助家长了解如何在家中支持并配合儿童的科学探索活动，促进家园共育的效果。手册中包括对一些简单的科学实验和观察活动的介绍，以及家长在陪伴儿童进行科学探索时的注意事项和建议。

任务检测

制作一套动物小书。

任务二 历史长河

>>> 任务准备

一、材料准备

活动时钟，三段卡，工作毯，男孩、女孩成长卡，小托盘，1周7日名称卡，卡带，1月31天的数字卡片等。应根据不同任务内容的要求，准备相应的材料。

二、认识教具

（一）活动时钟

活动时钟，如图6-2所示。

（二）一年四季

一年四季，如图6-3所示。

图6-2 活动时钟

图6-3 一年四季

>>> 任务演示

一、认识时间

认识时间活动的操作步骤及相关说明见表6-13。

表6-13 认识时间

操作步骤	步骤说明
教具准备	男孩、女孩成长卡，工作毯
操作1	邀请儿童，介绍活动名称
操作2	铺好工作毯，将教具放在工作毯上
操作3	将女孩成长卡按照顺序一一摆放在工作毯的中部
教师说	请你观察这些图片彼此之间有什么关系？这是一个小女孩慢慢长大的过程
操作4	教师一张一张地展示图片并讲述女孩成长的过程

续表

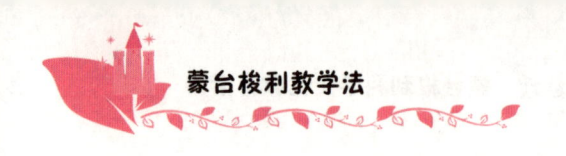

操作步骤	步骤说明
教师说	她刚刚出生，还不会走路和说话。慢慢地她长大了，要去幼儿园了。她从幼儿园毕业要去上小学了，她的个子也长高了，成了一个快乐的小学生。她上大学了，学会了很多知识。她天天要去工作，因为她不再是一个学生了。时间过得真快，她慢慢地变老了，变成了一位老奶奶
操作5	向儿童展示男孩成长卡，请儿童说一说男孩是怎么慢慢长大的
操作6	将卡片的顺序打乱，请儿童给图片排序，并描述成长的过程
操作7	收回教具，结束活动

二、认识整点

认识整点活动的操作步骤及相关说明见表6-14。

表6-14 认识整点

操作步骤	步骤说明
教具准备	时钟、活动时钟、工作毯
操作1	邀请儿童，介绍活动名称
操作2	铺好工作毯，将时钟和活动时钟放在工作毯上
操作3	取下活动时钟上的数字，整齐地放在钟的右边
操作4	认识活动时钟上的时针和分针
操作5	把分针拨在12的位置上
教师说	当分针在12上时，时针指向几点就是几点
操作6	对照时钟上的最上、最下、最左、最右，依次取数字12，6，9，3，放在活动时钟上
操作7	请儿童拨到12点、6点、9点、3点
操作8	摆好后再摆1，2，摆好后再拨到1点、2点，再依次拨到3点、4点、5点
操作9	教师报出一个整点，请儿童在活动时钟上拨出来
操作9	反复练习
操作10	收回教具，结束活动

三、认识四季

认识四季活动的操作步骤及相关说明见表6-15。

表6-15 认识四季

操作步骤	步骤说明
教具准备	四季字卡各一套、代表各个季节的物品各一份、表示各个季节的图片各一张、工作毯一块
操作1	请一名儿童帮助教师取工作毯
教师说	谢谢小朋友
操作2	请儿童取出四季的学具放在工作毯上
教师说	现在是几月，是什么季节
操作3	取出本月的学具，讨论这个季节的特征（天气、着装、饮食、用品）
操作4	把代表本季节的物品放在工作毯中央，再把相对应的季节图片放在下面，相对应的字卡放在图片旁边
操作5	以同样的方式介绍其他几个季节
操作6	收回教具，结束活动

四、一日生活时间线

一日生活时间线活动的操作步骤及相关说明见表6-16。

表6-16 一日生活时间线

操作步骤	步骤说明
教具准备	一日生活时间的三段卡
操作1	邀请儿童，介绍活动名称
操作2	取出一日生活时间三段卡，分类摆放
操作3	从早晨6点开始逐一按照时间顺序将时间段卡摆好
操作4	对照时间段卡把活动内容卡摆好
操作5	观察所展示的学具，说说自己的一日生活
操作6	收回教具，结束活动

五、认识1周7天

认识1周7天活动的操作步骤及相关说明见表6-17。

表6-17 认识1周7天

操作步骤	步骤说明
教具准备	将1周7天的名称卡粘连在一起的卡带、1套1周7天的名称卡片、小托盘、工作毯
操作1	邀请儿童，介绍活动名称
操作2	铺好工作毯，取来教具放在工作毯上
操作3	小心地把卡带在工作毯上铺展好
操作4	用手指指着卡带上的第一张卡，读卡（天）
操作5	按顺序读完所有卡带上的卡（星期一～星期日）
操作6	进行三阶段名称教学的辨别和发音
操作7	取出小托盘里所有的名称卡片并把它们排列在工作毯上
操作8	任意拿起一张名称卡片靠近卡带上的卡，与之一一进行比较、判断
操作9	如果相同，就把名称卡片放在卡带上卡的右边
操作10	如果不相同，继续移动，直到找到相同的
操作11	用同样方法把所有的名称卡片与卡带上的卡进行配对
操作12	收回教具，结束活动

六、认识1个月31天

认识1个月31天活动的操作步骤及相关说明见表6-18。

表6-18 认识1个月31天

操作步骤	步骤说明
教具准备	将1个月31天的数字卡粘连在一起的卡带、1个月31天的数字卡片、小托盘、工作毯
操作1	邀请儿童，介绍活动名称
操作2	铺好工作毯，取来教具放在工作毯上
操作3	小心地把卡带在工作毯上铺展好
操作4	用手指指着卡带上的第一张卡，读卡

续表

操作步骤	步骤说明
操作 5	按顺序读完卡带上所有的卡（1日~31日）
操作 6	取出小托盘里所有的数字卡片
操作 7	拿起一张卡片靠近卡带上的卡，与之一一进行比较、判断
操作 8	如果相同，就把卡片放在卡带上卡的右边
操作 9	如果不相同，继续移动，直到找到相同的
操作 10	用同样方法把所有的卡片进行配对
操作 11	收回教具，结束活动

七、生日

生日活动的操作步骤及相关说明见表6-19。

表6-19　生日

操作步骤	步骤说明
教具准备	生日头饰、球形灯或装在圆形玻璃杯中的蜡烛、小地球仪
操作 1	告诉儿童今天是谁的生日
操作 2	请出过生日的那名儿童，给他戴上准备好的生日头饰
操作 3	请这名儿童告诉大家他今年几岁了
操作 4	把球形灯或蜡烛放在行走线的中央并点亮
教师说	球形灯使我们想起太阳，我们住在地球上，每当我们生日到来的时候就是地球绕着太阳转了一圈
操作 5	把小地球仪放在儿童的手心里让儿童握住
教师说	某年前的今天，某某出生了（简单介绍出生时的情况，如体重等）
操作 6	教师牵着儿童的手，沿着行走线绕着球形灯走圆圈
操作 7	走圆圈时，其他儿童围成圆圈坐并拍手唱生日歌
操作 8	走完第一圈后，简单介绍这名儿童1岁时的情况
操作 9	同样方法走线并介绍儿童每成长1岁时的情况（儿童能记住的可让他自己讲）
操作 10	鼓励每名儿童表达自己的祝贺（一句话或者一个拥抱）
操作 11	把球形灯或蜡烛灭掉并收好放在安全的地方
操作 12	分、送礼物或分享生日蛋糕（没有可以省去这个操作）
操作 13	收回教具，结束活动

RENWU JIEXI 任务解析

一、解析认识时间

（一）教育目的

1. 直接目的

了解人的成长过程。

2.间接目的

培养对时间延伸概念的认知。

（二）适用年龄

5岁以上。

（三）兴趣点

教具本身。

（四）延伸操作

让儿童观察小动物，制作动物的生长过程图片，了解动物随着时间的流逝逐渐长大的过程。

二、解析认识整点

（一）教育目的

1.直接目的

认识时钟上的整点。

2.间接目的

培养时间观念。

（二）适用年龄

5岁以上。

（三）兴趣点

教具本身。

（四）延伸操作

请儿童根据自己日常生活的时间安排在纸上画出时间表。

三、解析认识四季

（一）教育目的

1.直接目的

认识四季。

2.间接目的

了解四季的特点。

（二）适用年龄

4岁以上。

（三）兴趣点

教具本身。

（四）注意事项

教师应给儿童充分的时间讨论四季的特征。

（五）变化延伸

在不同的季节带儿童到户外活动，体验不同季节的特征。

四、解析一日生活时间线

（一）教育目的
1. 直接目的
了解自己在一天中各个时间段的活动内容。
2. 间接目的
懂得珍惜时间。

（二）适用年龄
2.5 岁。

（三）兴趣点
图片的颜色和内容。

（四）注意事项
教师应给儿童提供充足时间组合三段卡。

（五）变化延伸
制作一套家庭时间卡。

五、解析认识1周7天

（一）教育目的
1. 直接目的
知道每周有 7 天。
2. 间接目的
进行时间的练习。

（二）适用年龄
2.5 岁。

（三）兴趣点
漂亮的丝带、精美的卡片。

（四）注意事项
注意讲解的顺序。

六、解析认识1个月31天

（一）教育目的
1. 直接目的
知道一个月有几天。
2. 间接目的
进行时间的练习。

（二）适用年龄
2.5 岁，有"1 周 7 天"练习经验的儿童。

（三）兴趣点
漂亮的丝带、精美的卡片。

（四）注意事项

（1）通常数字卡是有顺序的，顺序或倒序都可以。

（2）要告诉儿童有的月份是 30 天。

（3）还有一个特殊的月份——2 月，有时是 28 天，有时是 29 天。

七、解析生日

（一）教育目的

1. 直接目的

知道自己的生日。

2. 间接目的

了解生日的意义。

（二）适用年龄

2.5 岁以上。

（三）兴趣点

美丽的头饰、有趣的灯具。

（四）注意事项

（1）提前了解儿童的成长过程。

（2）可邀请家长参与。

（五）延伸活动

制作个人时间线。

1. 工具准备

（1）红布卷，上面有等距年龄显示线（1 格表示 1 岁）。

（2）不同年龄时期的照片（如从出生到 5 岁，下面有文字说明，背面有顺序号码）。

（3）文字卡片 1 张（上面写"个人时间线"）。

（4）托盘、工作毯。

2. 基本操作

（1）介绍工作名称，铺好工作毯。

（2）取来工具放在工作毯上。

（3）取出文字卡片并把卡片放在红布卷的开始处。

（4）仔细观察、辨别红布上的等距离标志，读出它们显示的岁数。

（5）取出照片，每次一张，观察并判断照片上儿童的年龄，阅读文字说明。

（6）把照片按顺序排列在工作毯上。

（7）把刚出生的照片放在最前面。

（8）同样的方法按顺序把所有照片排列在相对应的年龄显示线旁。

（9）从出生开始，逐一按序观察照片，发现不同年龄照片上的不同之处。

（10）观察红布卷随着年龄的增长而长度增加。

任务探索

一、家庭时间线

（一）探索活动：家庭时间线

家庭时间线活动的操作步骤及相关说明见表6-20。

表6-20 家庭时间线

操作步骤	步骤说明
教具准备	封面有家庭合影的二页本（对折），家庭成员的单人照（粘贴在二页本内），每张单人照下有张白色折线纸（折成同样大小的格子，每格内粘一个与单人照底色相同的小圆点，小圆点的数量与照片主人年纪相同）
操作1	邀请儿童，介绍活动名称
操作2	取来教具放在桌子上
操作3	打开并将其放平
操作4	介绍封面及家庭成员
操作5	小心地把第一张单人照下的折线纸展开
操作6	数一数折线纸内的小圆点——某某爸爸××岁了
操作7	用同样的方法，小心地将每张单人照下的折线纸展开，数一数
操作8	比较折线纸的长短，感受年龄和时间的关系
操作9	收回教具，结束活动

（二）活动分析

根据"家庭时间线"活动的操作过程，分析该活动的适用年龄、教育目的、兴趣点以及延伸操作，并填写活动分析表，如表6-21所示。

表6-21 活动分析表

考核项目	分析结果	评分
适用年龄		
教育目的		
兴趣点		
延伸操作		
总分		

注意事项	1.家庭成员照可以换成教师的照片，也可以是儿童自己的照片。 2.折纸线上小圆点的数量是该成员的年龄。 3.要注意随着生日的来临增加小圆点的数量。

二、小时与分钟的关系

（一）探索活动：小时与分钟的关系

小时与分钟的关系活动的操作步骤及相关说明见表6-22。

表 6-22　小时与分钟的关系

操作步骤	步骤说明
教具准备	①纸板剪成的时钟钟面（带孔）； ②红珠子 12 颗、绿珠子 60 颗（可用加减法板上的珠子）； ③工作毯、托盘
操作 1	邀请儿童，介绍活动名称
操作 2	将盛有教具的托盘放于工作毯的右下方
操作 3	教师将钟面放在工作毯上
教师说	请小朋友们先把红珠子放在每个数字下面的孔里，然后把绿珠子放在其余孔里。以前我们学习了分针一次走一小格，就是一分钟。分针转一圈就是一小时。那么一个小时有多少分钟呢
操作 4	教师一边拨动分针，让儿童边看边数
操作 5	走完一圈后，教师与儿童一起总结
教师说	一小时有六十分钟
操作 6	反复练习
操作 7	收回教具，结束活动

（二）活动分析

根据"小时与分钟的关系"活动的操作过程，分析该活动的适用年龄、教育目的、兴趣点以及延伸操作，并填写活动分析表，如表 6-23 所示。

表 6-23　活动分析表

考核项目	分析结果	评分
适用年龄		
教育目的		
兴趣点		
延伸操作		
总分		

>>> 能力进阶
NENGLI JINJIE

根据对"认识年"这个活动的教育目的、兴趣点等内容的分析，结合三阶段教学法，编写认识年活动的操作步骤（见表 6-24），并尝试创造更多的延伸操作。

1. 教具构成

一张圆形的年的卡片，两张半圆形的半年的卡片，春、夏、秋、冬的卡片各一张，12 个月的卡片（以上卡片由不同颜色构成）各一张。

2. 适用年龄

3~4 岁。

3. 教育目的

①直接目的：对"年"有初步的认识。
②间接目的：让儿童更好地掌握"序"的概念，并学会珍惜时间。

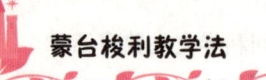

4. 兴趣点

图片的颜色和形状。

5. 注意事项

①最终拼完的图形与一年重合。

②1—12月用数字指引。

表 6-24 认识年活动的操作步骤

活动过程	过程描述
操作步骤	
评分	

>>> 任务检测
RENWU JIANCE

依据历史教育的特点，自制历史教育相关的教具。要求：

（1）以小组为单位，每组做一个教具；

（2）教具要能符合制定的教育目的，体现出教育意义。

任务三 生命探秘

>>> 任务准备
RENWU ZHUNBEI

一、材料准备

植物嵌板、动物嵌板、标本鸟、活鸟、托盘、三段卡、工作毯等。

二、认识教具

动植物嵌板，如图 6-4 所示。

图 6-4 动植物嵌板

任务演示

一、有生命和无生命

有生命和无生命活动的操作步骤及相关说明见表6-25。

表6-25 有生命和无生命

操作步骤	步骤说明
第一次展示：有生命和无生命	
操作1	介绍活动名称
操作2	从教具柜中取出标本鸟，从观察柜中取出活鸟，放在工作毯上
操作3	教师以提问的方式让儿童说出标本鸟和活鸟的不同
操作4	启发儿童得出结论：有生命的物体会成长，需要空气、水、食物；无生命的不会成长，不需要空气、水和食物
操作5	收回标本鸟和活鸟，结束活动
第二次展示：分类	
教具准备	有生命和无生命物体的图片、有生命和无生命物体的字卡各一张
操作1	教师将有生命和无生命物体的两张字卡放在工作毯上
操作2	让一名儿童选择一张图片展示给其他儿童看
操作3	儿童展示完图片之后，自行判断这张图片中的物体是有生命的还是无生命的，然后放在相应的字卡下进行分类
操作4	按照此方法将所有图片分类
操作5	收回教具，结束活动

二、认识鱼的身体结构

认识鱼的身体结构活动的操作步骤及相关说明见表6-26。

表6-26 认识鱼的身体结构

操作步骤	步骤说明
教具准备	鱼嵌板
操作1	邀请儿童，介绍活动名称
操作2	教师展示整个鱼嵌板
教师说	这是鱼
操作3	将鱼嵌板的各部分从左到右依次取出，整齐地排列在工作毯的上方
教师说	"这是鱼的头部""这是鱼的身体""这是鱼的尾部"等
操作4	按顺序将各部分身体嵌板一一放进底板，在嵌入时要使嵌板的边缘和底板边缘相对应
操作5	请一名儿童一起工作
教师说	请你指出鱼的头部
操作6	请儿童根据提示辨认鱼的身体各部位
操作7	再请一名儿童一起工作，教师指鱼的某一部位，请儿童说出该部位的名称
操作8	反复练习
操作9	收回教具，结束活动

三、昆虫配对

昆虫配对活动的操作步骤及相关说明见表6-27。

表6-27　昆虫配对

操作步骤	昆虫配对
教具准备	12种昆虫复制品（各2个）、名称卡、控制板（有图和名称）、托盘
操作1	邀请儿童，介绍活动名称
操作2	取来教具放在桌子上
操作3	任意取出一只昆虫，仔细观察，观察后放在桌子上
操作4	拿出另一只昆虫，靠近桌子上的昆虫，仔细观察、比较并辨别
操作5	如果相同，就将其并列放在一起
操作6	如果不相同，就单独放在一边
操作7	同样的方法，将所有昆虫逐一进行比较、辨别和配对
操作8	取出控制板进行检查
操作9	参照控制板配上名称卡
操作10	收回教具，结束活动

四、树嵌板

树嵌板活动的操作步骤及相关说明见表6-28。

表6-28　树嵌板

操作步骤	步骤说明
教具准备	树嵌板、树的三段卡、工作毯
教师说	今天老师带来了一个漂亮的小玩具
操作1	请一名儿童帮助教师取一块工作毯
教师（双手接过）说	谢谢小朋友
操作2	教师双手拿树嵌板，平放在工作毯上，向儿童介绍活动名称
操作3	从底板上取出树冠，放在嵌板左边
教师说	这是树冠
操作4	用三段卡与之对应
操作5	逐一取出树叶、树枝、树干、树根，按从上而下的顺序排列。对应的三段卡放在相应板块的左边，且一边对齐
操作6	进行三阶段名称教学的辨别和发音，学习树的各部分名称
操作7	结束，按照从上到下的顺序把树的各个部分嵌板每次一块依次放回原位
操作8	收好三段卡，将树嵌板放回教具柜

大树嵌板

五、认识花的结构

认识花的结构活动的操作步骤及相关说明见表6-29。

表6-29　认识花的结构

操作步骤	步骤说明
教具准备	①花瓣比较大且易分辨的花，如百合花； ②根据儿童的人数准备相应数量的花； ③花的拼图； ④活动字母箱； ⑤花的三段卡、标签、工作毯

续表

操作步骤	步骤说明
第一次展示：实物呈现	
教师说	花是什么样的
操作1	引导儿童积极发言，激发儿童对花的兴趣
教师说	今天我们要学习花的结构
操作2	请儿童对自己手里的花进行描述，互相观察讨论
操作3	教师拿着百合花向儿童由里到外地介绍花的结构及其特点（花梗、花托、花萼、花冠、花蕊等）
操作4	请儿童说出花的各部分名称
操作5	对花进行解剖，让儿童观察得更清楚
操作6	把各部位名称卡分发给儿童，与花配对
操作7	将教具放在展示架上，供儿童自由观察
第二次展示：花的拼图	
教师说	还记得我们讨论过的花的结构吗？现在我们来操作花的拼图
操作1	教师出示花的拼图，让儿童回忆花的结构
操作2	让儿童从拼图中取出花的各个部分，在桌上重新拼出完整的图案
操作3	再把拼好的拼图打乱顺序放在桌子上，请儿童说出各个部分的名称
操作4	收回教具，结束活动
第三次展示：活动字母箱	
操作1	请儿童回忆已经学习过的花的结构名称
操作2	请儿童将花各个部分的拼图依次取出放在工作毯上，将对应的标签放在拼图旁边
操作3	用活动字母箱中的字母拼出各个部分的名称
操作4	先用字母拼出各部分的名称，然后用对应的标签来做控制卡，判断拼写是否正确
操作5	收回教具，结束活动
第四次展示：三段卡	
教师说	我今天要给大家看一些花的结构的图片
操作1	将控制卡沿着工作毯的左侧边缘摆成一排，说出花的结构名称
操作2	把图片卡分发给儿童
操作3	教师指着控制卡问
教师说	谁的图片与这张相同
操作4	让儿童将图片卡放在控制卡的右边，复述名称
操作5	以同样的方式完成其他图片配对
操作6	分发标签
教师说	谁拿到了这样的标签
操作7	让孩子把标签放到相应图片的下面，复述名称
操作8	以同样的方式完成其他标签的配对
操作9	让儿童阅读这些标签，区别花的不同部位
操作10	收回教具，结束活动

六、人体拼图

人体拼图活动的操作步骤及相关说明见表6-30。

表6-30　人体拼图

操作步骤	步骤说明
教具准备	①玩具娃娃； ②"人的身体"拼图； ③人体器官名称卡
第一次展示：玩具娃娃	
操作1	邀请儿童，介绍活动名称
操作2	将玩具娃娃放在儿童面前
操作3	请儿童有顺序地观察玩具娃娃身体的各组成部分
操作4	请儿童说出玩具娃娃身体各部位的名称，鼓励他们说出自己知道的所有部位
第二次展示：人体拼图	
操作1	教师展示"人的身体"拼图
操作2	从头至脚讲解身体各部位
操作3	与儿童一起讨论身体各部位的功能
操作4	请儿童将名称卡与身体各部位拼图进行配对
操作5	收回教具，结束活动

任务解析

一、解析有生命和无生命

（一）教育目的

1. 直接目的

培养儿童对生命体的行为特征和身体特征的观察能力。

2. 间接目的

（1）培养儿童对有生命和无生命物体的视觉辨别力。

（2）了解有、无生命的意义。

（二）适用年龄

3岁以上。

（三）兴趣点

对动物的兴趣，对生命的发现。

（四）注意事项

（1）此项工作是儿童第一次接触动物学教育，教师要以正确的方式启发儿童观察、思考有生命和无生命的区别。

（2）在儿童展示图片的时候，教师要注意引导其采取正确的方式，使图片正对着其他儿童。

（3）儿童分类出现错误的时候，教师要让儿童自行解决问题。

（五）延伸操作
（1）找出周围环境中有生命和无生命的事物。
（2）自己制作有生命物体的图册。

二、解析认识鱼的身体结构

（一）教育目的
1. 直接目的
认识鱼身体的各个部位，练习拼图的能力。
2. 间接目的
培养热爱小动物的情感，增加对鱼的了解。

（二）适用年龄
3岁以上。

（三）兴趣点
教具本身。

（四）注意事项
在做此项工作时，有一条活鱼或者新鲜的冻鱼最好，可以请儿童通过实际观察或触摸获得经验，加深他们的感受和体会。

（五）延伸操作
（1）认识鱼是一种生活在水中，用鳃来呼吸、身上有鳞片、用鳍来运动的动物。
（2）教师用虚线画出鱼，让儿童用彩色笔勾画出鱼头、鱼尾、鱼鳞等部位。
（3）练习鱼的身体构造三段卡。
（4）自己做鱼身体部位的小书。
（5）认识其他鱼及其身体构造。

三、解析昆虫配对

（一）教育目的
1. 直接目的
知道昆虫有很多种类。
2. 间接目的
培养对动物的研究兴趣。

（二）适用年龄
2.5岁以上。

（三）兴趣点
各种有趣的昆虫、精美的用品。

（四）注意事项
根据儿童的认知水平设计每次认识昆虫的数量。

四、解析树嵌板

（一）教育目的
1. 直接目的
让儿童了解树的各部位及其名称。
2. 间接目的
使用三段卡熟悉树的各部位名称。

（二）适用年龄
3岁以上。

（三）兴趣点
树的嵌板。

（四）注意事项
（1）树叶和树枝要并排放。
（2）三段卡要放在相应嵌板的左边，并一一对齐。
（3）同名称的多个嵌板要按从左到右的顺序摆放。

（五）延伸操作
将拼图的轮廓印画在纸上，请儿童涂色并说出这是树的什么部位。

五、解析认识花的结构

（一）教育目的
1. 直接目的
（1）激发儿童对花的兴趣。
（2）认识花的各个组成部分，了解其名称。
2. 间接目的
遵循实物—拼图—图片—文字符号的顺序，帮助儿童建立对事物的抽象概念。

（二）适用年龄
3岁以上。

（三）兴趣点
美丽的花及花的各个组成部分。

（四）注意事项
教师应给予儿童充分讨论的机会，使其获得讨论和观察的经验。

（五）延伸操作
将拼图放在纸上，用铅笔沿拼图边缘描画轮廓，然后用蜡笔涂色。

六、解析人体拼图

（一）教育目的
1. 直接目的
加强儿童对自己身体的认识。

2. 间接目的
让儿童认识自己的身体及名称。

（二）适用年龄
3岁以上。

（三）兴趣点
（1）认识娃娃的身体。
（2）拼人体图。

（四）注意事项
（1）教师要根据儿童的兴趣和接受能力来决定讲授的内容。
（2）分次向儿童介绍人身体的几个部位，激发他们的学习兴趣。

（五）延伸操作
与人体三段卡结合。

任务探索

一、"青蛙的一生"

（一）探索活动："青蛙的一生"
"青蛙的一生"活动的操作步骤及相关说明见表6-31。

表6-31 青蛙的一生

操作步骤	青蛙的一生
教具准备	①"青蛙的一生"的全称卡、玩具各一套； ②控制卡（装订好的"青蛙的一生"的图片）； ③名称卡、小竹篮
操作1	邀请儿童，介绍活动名称
操作2	取来教具放在桌子上
操作3	取出控制卡，在小桌上放好
操作4	取出全称卡并解开绑卡的橡皮筋
操作5	拿起一张全称卡，靠近控制卡部分的卡片，仔细观察、比较并辨别
操作6	如果相匹配，就将其排列在控制卡的下边
操作7	如果不匹配，继续移动，靠近另一张控制卡进行观察、比较并辨别，直到找到相匹配的
操作8	取出名称卡并参照控制卡进行配对（方法同全称卡的配对）
操作9	取出玩具，进行配对（方法同三段卡的配对）
操作10	收回教具，结束活动

（二）活动分析
根据"青蛙的一生"活动的操作过程，分析该活动的适用年龄、教育目的、兴趣点以及延伸操作，并填写活动分析表，如表6-32所示。

表 6-32　活动分析表

考核项目	分析结果	评分
适用年龄		
教育目的		
兴趣点		
延伸操作		
总分		

注意事项	收回教具时名称卡可不按顺序逐一收回，只需套好橡皮筋并放回到小篮里。

二、认识蔬菜

（一）探索活动：认识蔬菜

认识蔬菜活动的操作步骤及相关说明见表 6-33。

表 6-33　认识蔬菜

操作步骤	步骤说明
教具准备	①能用于配合学习植物组成部分的蔬菜，每部分至少准备两种蔬菜；②植物结构三段卡里的名称卡、植物组成部分标签、工作毯
操作 1	邀请儿童，介绍活动名称
操作 2	取来教具放在桌子上
操作 3	教师跟儿童一起复习植物的组成部分，引导儿童说出各组成部分的名称
操作 4	每说出一个名称，将该部分名称卡沿着工作毯顶部水平摆放
操作 5	出示蔬菜
教师说	这里有一篮子蔬菜，你们认识吗
操作 6	拿出一个蔬菜（如胡萝卜），当儿童说出它的名称后，提问
教师说	它属于植物的哪个组成部分（根、茎、叶、花、果实）
操作 7	等儿童回答完毕，把胡萝卜放在根的图片下面
操作 8	以此类推，确认每一种蔬菜并归类，放在对应的图片下面
操作 9	如果孩子对某种蔬菜不了解，教师要介绍这种蔬菜，并将它放在相应的标签下
操作 10	收回教具，结束活动

（二）活动分析

根据"认识蔬菜"活动的操作过程，分析该活动的适用年龄、教育目的、兴趣点以及延伸操作，并填写活动分析表，如表 6-34 所示。

表 6-34　活动分析表

考核项目	分析结果	评分
适用年龄		
教育目的		
兴趣点		
延伸操作		
总分		

注意事项	1. 工作完成后可以将蔬菜放在植物架上，供儿童观察。 2. 准备的蔬菜尽量是儿童熟悉的蔬菜。

三、认识人体骨骼

（一）探索活动：认识人体骨骼

认识人体骨骼活动的操作步骤及相关说明见表6-35。

表6-35　认识人体骨骼

操作步骤	认识人体骨骼
教具准备	①棉花球； ②骨骼标本或图片； ③骨骼的标签
操作1	邀请儿童，介绍活动名称
操作2	把棉花球分给每名儿童
教师说	请小朋友们挤压一下棉花球，然后告诉我你们感觉到里面有什么东西吗
操作3	儿童思考并讨论
教师说	你们没有感觉到任何东西对吧
操作4	把棉花球收起来
教师说	再挤压一下你们的胳膊，告诉我能感觉到什么
操作5	儿童思考并回答
教师说	在皮肤下面有很多东西，那些硬硬的、坚固的东西是骨头，骨头又称为骨骼。小朋友们摸一下自己的头
操作6	教师指着自己的颅骨
教师说	我们头部的这块大骨头叫作颅骨
操作7	指着下巴
教师说	这块能上下活动的骨头称为下颌骨
操作8	继续活动，直到把所有骨骼认识完毕
操作9	请儿童把标签放在相应的骨骼图片上
操作10	收回教具，结束活动

（二）活动分析

根据"认识人体骨骼"活动的操作过程，分析该活动的适用年龄、教育目的、兴趣点以及延伸操作，并填写活动分析表，如表6-36所示。

表6-36　活动分析表

考核项目	分析结果	评分
适用年龄		
教育目的		
兴趣点		
延伸操作		
总分		

| 注意事项 | 在介绍骨骼时，可以先让儿童认识鱼的骨骼，让儿童对骨骼有一个直观的认识。 |

能力进阶

根据对"动物分类（卡片）"活动的教育目的、兴趣点等内容的分析，结合三阶段教学法，编写动物分类（卡片）活动的操作步骤（见表6-37），并尝试创造更多的延伸操作。

1. 教具构成

（1）各种动物的图片若干（背面有分类标志）。
（2）3种范本卡片（卡片上分别画有鳞、羽毛、毛皮）。
（3）名称卡、托盘。

2. 适用年龄

3岁以上。

3. 教育目的

（1）直接目的：能够对动物进行分类。
（2）间接目的：培养对动物的研究兴趣。

4. 兴趣点

不同的范本卡片、精美的图片。

5. 注意事项

根据儿童的能力设计每次教学活动的容量。

表6-37 动物分类（卡片）活动的操作步骤

活动过程	过程描述
操作步骤	
评分	

任务检测

分组设计植物教育教具并制定学习内容。

任务四 科学探索

>>> 任务准备

一、材料准备

火山模型、三段卡、温度计、实验杯、记录本、笔、工作毯等。应根据不同任务内容的要求，准备相应的材料。

二、认识教具

（一）沉浮工作

沉浮工作，如图 6-5 所示。

（二）磁铁工作

磁铁工作，如图 6-6 所示。

（三）放大镜工作

放大镜工作，如图 6-7 所示。

图 6-5　沉浮工作 　　　　图 6-6　磁铁工作 　　　　图 6-7　放大镜工作

>>> 任务演示

一、磁铁

磁铁活动的操作步骤及相关说明见表 6-38。

探索磁力

表 6-38　磁铁

操作步骤	步骤说明
教具准备	①马蹄形磁铁及关于磁铁的小书； ②可被磁铁吸附、不可被磁铁吸附的不同质地的物品若干，装在小口袋里； ③名称卡（"可被吸附""不可被吸附"）； ④红、灰小毯子各 1 张，托盘
操作 1	介绍活动名称
操作 2	铺好红、灰小毯子

续表

操作步骤	步骤说明
操作 3	从托盘中取出两张名称卡，分别放在两张小毯子上
操作 4	打开小口袋，任意取出一个物品
操作 5	将物品靠近磁铁，看发生了什么
操作 6	如果物品被磁铁吸住，就将这个物品放到放有"可被吸附"名称卡的小毯子上，反之，就将其放到放有"不可被吸附"名称卡的小毯子上
操作 7	收回教具，结束活动

二、认识固体、液体与气体

认识固体、液体与气体活动的操作步骤及相关说明见表6-39。

表6-39 认识固体、液体与气体

操作步骤	步骤说明
教具准备	2支试管、试管架、小玻璃杯（装上水）、小石块、3张名称卡、海绵、盘子
操作 1	邀请儿童，介绍活动名称
操作 2	取来教具放在桌子上
教师说	这个盘子里有三种不同的东西
操作 3	拿出石块放在桌子上
教师说	这是固体，固体很硬，它们通常不会改变形状
操作 4	小心地拿出装有水的玻璃杯和一支试管
教师说	这里装的是液体，液体可以倒来倒去
操作 5	取出另一支试管
教师说	这里面有气体
操作 6	往试管里吹气
教师说	你看不到但可以感觉到，有时候能闻到
操作 7	往手里吹气
教师说	现在我们来做名称卡
操作 8	逐一将名称卡与物体配对
操作 9	收回教具，结束活动

三、测量温度

测量温度活动的操作步骤及相关说明见表6-40。

表6-40 测量温度

操作步骤	步骤说明
教具准备	4只分别盛有冷水、凉水、温水、热水的实验杯，字卡，4支温度计，电热锅，水温记录表
操作 1	邀请儿童，介绍活动名称
操作 2	取4只分别装有冷水、凉水、温水、热水的实验杯放在桌子上，感知冷、凉、温、热，并把相应的字卡放在杯子的旁边
操作 3	进行命名
教师说	这是冷水，这是凉水

续表

操作步骤	步骤说明
操作 4	通过谈话引出温度及温度计
教师说	这 4 杯水给我们的感觉一样吗？为什么
操作 5	通过儿童讨论回答
教师说	它们的温度不一样，让我们来测量一下它们各是多少度
操作 6	测量水温
操作 7	温度计，请儿童观察温度计并说出其特征
操作 8	示范温度计的使用方法，并引导儿童读温度计上显示的数字
操作 9	把4支温度计分别放入冷水、凉水、温水、热水中，请儿童观察它们各自的温度显示。引导儿童逐一读出水的温度并记录
操作 10	将冷水放入电热锅中加热，每隔3分钟测量一次温度并记录
操作 11	将热水放凉，每隔3分钟测量一次温度并记录
操作 12	引导儿童对发现进行总结：冷水变热水，温度不断升高；热水变冷水，温度不断下降
操作 13	收回教具，结束活动

四、火山活动实验

火山活动实验活动的操作步骤及相关说明见表6-41。

表6-41　火山活动实验

操作步骤	步骤说明
教具准备	①火山模型，放在不怕酸溶液的托盘里； ②小苏打、白醋、小勺； ③一些用来代表被破坏物体的小棍
操作 1	邀请儿童，介绍活动名称
操作 2	取来教具放在小桌子上
操作 3	简单讲解火山爆发时的情景
操作 4	用小勺舀几勺小苏打，放到火山模型上
操作 5	小心地倒入白醋
操作 6	当大量的泡沫涌出并流下时，撒一些小棍当作被破坏的物体
操作 7	仔细观察整个情景，可以重复几次实验
操作 8	收回教具，结束活动

五、沉浮实验

沉浮实验活动的操作步骤及相关说明见表6-42。

表6-42　沉浮实验

操作步骤	步骤说明
教具准备	泡沫板、石头、玻璃球、雪花片、塑料瓶、操作盘、记录表、笔、水盆
操作 1	邀请儿童，介绍活动名称
操作 2	取来教具放在小桌子上
操作 3	出示托盘中的实物
操作 4	请儿童猜猜把这些物品放入水中后，哪些物品会沉入水底，哪些物品会浮在水面
操作 5	指导儿童把猜想的结果写在记录表上，并设置好上浮和下沉的标记

续表

操作步骤	步骤说明
操作6	和儿童一起把实物一一放入水中，然后观察每件物品的沉浮状态，指导儿童做好记录
操作7	请儿童比较实验记录和先前的猜想
操作8	儿童对自己的实验进行总结，并与其他儿童分享
操作9	收回教具，结束活动

RENWU JIEXI 任务解析

一、解析磁铁

（一）教育目的

1. 直接目的

学习磁铁的特性。

2. 间接目的

了解不同物品与磁铁有何种不同的反应。

（二）适用年龄

2.5岁以上。

（三）兴趣点

有的物品可以被磁铁吸附。

（四）注意事项

引导儿童观察什么样的物品可被吸附，什么样的物品不可被吸附。

（五）延伸操作

制作可被吸附物品与不可被吸附物品的小书。

二、解析认识固体、液体与气体

（一）教育目的

1. 直接目的

学习物体的三态（固态、液态与气态）。

2. 间接目的

培养对自然科学的兴趣。

（二）适用年龄

2.5岁以上。

（三）兴趣点

不同物体的三态，有趣的用具。

（四）注意事项

将试管里的水倒回水杯里时，若有水洒在桌面上要用海绵清洁桌面。

（五）延伸操作

（1）用物体的三态描述自己：固体（身体）、液体（血液、汗）、气体（呼出的气）。

（2）用物体的三态描述植物：固体（枝、叶）、液体（果汁）、气体（看不到，但可以感觉到）。

三、解析测量温度

（一）教育目的
1. 直接目的
（1）了解冷水变热水和热水变冷水时水的温度变化情况。
（2）认识温度计。
2. 间接目的
通过感知温度，引起儿童的探索兴趣。

（二）适用年龄
3岁以上。

（三）兴趣点
温度的变化。

（四）注意事项
注意防止儿童被热水烫伤。

（五）变化延伸
请儿童测量自己的体温。

四、解析火山活动实验

（一）教育目的
1. 直接目的
初步了解火山爆发时的情景。
2. 间接目的
培养对大自然的研究兴趣。

（二）适用年龄
3.5岁以上。

（三）兴趣点
有趣的模型，实验本身的吸引。

（四）注意事项
火山模型及托盘由老师来清洁。

五、解析沉浮实验

（一）教育目的
1. 直接目的
观察、比较物体在水中的沉浮现象。
2. 间接目的
用简单的图画记录探索的结果。

（二）适用年龄

4 岁以上。

（三）兴趣点

沉与浮的变化。

（四）注意事项

指导儿童做好沉浮的标记。

（五）延伸活动

尝试用其他材料进行同样的实验。

任务探索 RENWU TANSUO

一、彩虹雨

（一）探索活动：彩虹雨

彩虹雨活动的操作步骤及相关说明见表 6-43。

表 6-43 彩虹雨

操作步骤	步骤说明
教具准备	2 只空杯子，食用油，颜料（红色、黄色、蓝色），水，笔，搅拌棒
操作 1	邀请儿童，介绍活动名称
操作 2	取来教具放在桌子上
操作 3	在一只空杯子里倒入食用油
操作 4	将准备好的各种颜料倒入食用油中
操作 5	用搅拌棒将食用油中的颜料搅拌成小颗粒后，再一起倒入另一只盛有水的杯子中
操作 6	引导儿童观察，静止数秒后，可以看到水杯中的颜料滴下形成彩虹雨
教师说	水和油是不相溶的，所以它们放在一起会分层
操作 7	收回教具，结束活动

（二）活动分析

根据"彩虹雨"活动的操作过程，分析该活动的适用年龄、教育目的、兴趣点以及延伸操作，并填写活动分析，如表 6-44 所示。

表 6-44 活动分析

考核项目	分析结果	评分
适用年龄		
教育目的		
兴趣点		
延伸操作		
总分		

| 注意事项 | 颜料应选择鲜艳的颜色。 |

二、沉积岩的实验

（一）探索活动：沉积岩的实验

沉积岩的实验活动的操作步骤及相关说明见表6-45。

表6-45　沉积岩的实验

操作步骤	步骤说明
教具准备	木屑、沙子、土、浓盐水、杯子、筷子一双
教师说	今天我们来做沉积岩的实验
操作1	请儿童将木屑、沙子、土倒入杯子中
操作2	再将浓盐水倒入，用筷子搅拌均匀
操作3	隔几天，当液体变成块状后，将其从杯子中取出并请儿童观察
操作4	收回教具，结束活动

（二）活动分析

根据"沉积岩的实验"这个活动的操作过程，分析该活动的适用年龄、教育目的、兴趣点以及延伸操作，并填写活动分析表，如表6-46所示。

表6-46　活动分析表

考核项目	分析结果	评分
适用年龄		
教育目的		
兴趣点		
延伸操作		
总分		

能力进阶
NENGLI JINJIE

根据对"带电的气球"这个活动的教育目的、兴趣点等内容的分析，结合三阶段教学法，编写带电气球活动的操作步骤（见表6-47），并尝试创造更多的延伸操作。

1. 教具构成

（1）两个气球。

（2）头发或羊毛衫。

（3）绳子、硬纸板。

2. 适用年龄

3岁以上。

3. 教育目的

（1）直接目的：让儿童知道静电的存在，引导他们对静电产生原因进行探索。

（2）间接目的：培养儿童的观察能力和对科学的探索精神。

4. 兴趣点

静电的神奇力量。

表 6-47　带电气球活动的操作步骤

活动过程	过程描述
操作步骤	
评分	

>>> 任务检测 RENWU JIANCE

根据本任务所学，帮助小美在"小小科学家"的探险活动中设计一个简单的科学实验并编写实验步骤。

项目总结

一、科学文化教育在蒙台梭利教育中的地位

我们要明确科学文化教育在蒙台梭利教育中的重要地位。蒙台梭利教学法强调儿童的自主探索和发现式学习，这与对科学文化的教育密切相关。科学文化教育不仅仅是对知识的传授，更重要的是培养儿童的科学思维、观察能力和实验精神。

二、蒙台梭利环境中的科学文化元素

在蒙台梭利教室中，环境是一个重要的教育资源。科学文化的教育需要一个充满探索氛围的环境。我们可以在教室中设置科学角，提供丰富的科学材料，如放大镜、显微镜、磁铁、植物种子等，让儿童可以自由地观察、探索和实验。

三、引导儿童进行科学探索

蒙台梭利教学法强调教师的引导及其观察者作用的发挥。在科学文化教育中，教师需要引导儿童发现问题、提出问题，并鼓励他们通过实验和观察来寻找答案。例如，教师可以引导儿童观察植物的生长过程，让他们记录变化，从而培养儿童的观察力和记录能力。

四、科学文化教育与日常生活的结合

蒙台梭利教学法强调教育与生活的联系。在科学文化教育中，我们可以将科学知识与儿童的日常生活相结合，如引导他们了解食物的营养成分、天气的变化等。这样不仅可以增加儿童对科学文化知识的兴趣，还能帮助他们更好地理解世界。

问题解析

问题一

理解"浮力"概念时的困惑

在做"浮力"概念的工作时,小华总是难以理解为什么有些物体会浮在水面上,而有些物体会沉下去。尽管教师解释了浮力的原理,但小华仍然感到困惑。

分析:

浮力是一个相对抽象的概念,尤其是对年龄较小的孩子来说,他们可能难以想象和理解物体在水中受到的向上推力。小华可能缺乏与浮力相关的实践经验。通过让他亲手操作实验,如观察不同物体在水中的浮沉情况,可能有助于小华更好地理解和记忆这一概念。

一、可使用实物和模型:教师可以利用实物和模型来演示浮力的原理,如使用不同重量的物体和容器,让儿童观察它们在水中的表现。

二、可设计互动实验:教师可以设计一些互动实验,让儿童亲手操作并观察实验结果,从而加深对浮力概念的理解。

问题二

对"生物进化"理论的疑惑

在介绍生物进化的概念时,小明对"为什么生物会进化"以及"进化是如何发生的"等问题感到疑惑。

分析:

小明可能缺乏与生物进化相关的知识背景,如遗传、变异和自然选择等基本概念。这些概念是理解生物进化理论的基础。生物进化是一个复杂而抽象的概念,涉及许多科学原理和过程。对年龄较小的儿童来说,理解这些概念可能需要更多的时间和努力。

一、构建知识框架:在介绍生物进化之前,先帮助儿童建立与遗传、变异和自然选择等概念相关的知识框架,为理解生物进化理论打下基础。

二、利用生动实例:使用生动有趣的实例来解释生物进化的过程,如长颈鹿的脖子变长是为了吃到高处的树叶等。这些实例有助于儿童更直观地理解生物进化的概念。

问题三

在"电路"实验中的操作难题

在进行电路实验时,小红总是无法成功地将灯泡点亮。她尝试了多种连接方式,但都没有成功。

分析:

小红可能缺乏与电路实验相关的操作技能,如如何正确连接导线、如何识别不同类型的电器元件等。在进行电路实验时,安全是非常重要的。如果小红没有掌握正确的操作方法或缺乏安全意识,可能会导致实验失败或发生危险。

一、提供详细指导:在进行电路实验之前,教师应该向儿童提供详细的操作指导,并

解释每个步骤的目的和注意事项。

二、强调安全意识：教师在实验中应强调安全意识，如避免短路、避免触摸裸露的导线等。同时，教师可以提供一些安全措施，如使用绝缘胶带包裹裸露的导线等。

项目思考

蒙台梭利科学文化教育教具除了原有的经典产品，还有许多可以从生活中获得，尤其是科学实验类的教具。请你设计一个科学文化活动，并以图文并茂的形式，演示活动所用教具的制作过程。

行业楷模

生活即教育

陶行知（1891—1946），安徽省歙县人，教育家、思想家，伟大的民主主义战士，中国人民救国会和中国民主同盟的主要领导人之一，被宋庆龄誉为"万世师表"。陶行知曾在美国哥伦比亚大学攻读教育学博士学位，归国后曾任南京高等师范学校、国立东南大学教授和教务主任等职。他先后创办"山海工学团""报童工学团""晨更工学团""流浪儿工学团"，并与厉麟似等来自政学两界的知名人士在上海发起成立中国教育学会。1945年，他当选中国民主同盟中央常委兼教育委员会主任委员。

陶行知不仅创立了完整的教育理论体系，而且进行了大量教育实践。他反对旧式教育把培养"人上人"作为目标，指出新式教育应培养全面发展的"人中人"。

·思想荟萃·

"生活即教育"是陶行知生活教育理论的核心，它强调的是生活本身的教育意义，反对的是传统教育脱离生活而以书本为中心。

"社会即学校"是生活教育理论的另一重要主张，是"生活即教育"思想在学校与社会关系问题上的具体化。

陶行知先生毕生致力于教育事业，对我国教育的现代化做出了开创性的贡献。他不仅创立了完整的教育理论体系，而且进行了大量教育实践。细考陶行知的教育思想，创新犹如一根金线，贯穿于陶行知教育思想的各个部分。

项目七
蒙台梭利艺术教育活动

艺术教育是蒙台梭利教育体系的一部分，它强调儿童以自我为主的学习活动，尤其是在美术和音乐方面。蒙台梭利认为，我们在注重儿童发展认知技能的同时，必须注意儿童的情感生活，注意他们的内在思想和感受，注意他们自我表达的方式。儿童艺术教育的直接目的是使儿童与生俱来的审美感受力和理解力得到充分、自由的展现，同时促进其审美心理结构以及审美感受力、鉴赏力和创造力的形成发展。蒙台梭利艺术教育的独特之处在于，它尊重儿童成长过程中的各个敏感期，并强调在愉快的环境中发展他们的独立、专注、自信和创造等能力。这种教育方法不仅注重培养儿童的艺术技能，更重视儿童的整体发展和个体差异，有助于儿童在创造和表现中实现个人的成长和发展。

项目情境

花花幼儿园即将举办艺术节活动。教师小美为这个活动月的每一周都设计了一个主题，如"动物世界""美丽的花园"等，引导儿童围绕主题进行艺术创作。你认为小美老师设计的活动有新意吗？你有更好的设计吗？

项目目标

知识目标
掌握蒙台梭利艺术教育的意义、目的、内容。

技能目标
学会操作蒙台梭利艺术教育教具。
能够设计蒙台梭利艺术教育内容。

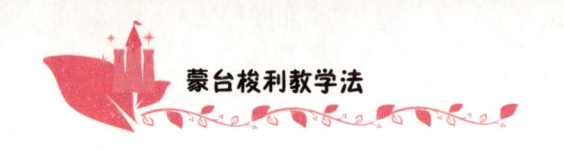

尝试利用周边事物进行蒙台梭利艺术教育。
素质目标
探索蒙台梭利艺术教育的价值。

任务一　绘画天地

>>> 任务准备

材料准备

白纸，画有线条（粗线、细线、斜线、弧线等）的彩纸，剪刀，小托盘，工作纸，围裙，水彩笔等。应根据不同任务内容的要求，准备相应的材料。

>>> 任务演示

一、剪纸

剪纸活动的操作步骤及相关说明见表7-1。

表7-1　剪纸

操作步骤	步骤说明
教具准备	剪刀，白纸，画有线条（粗线、细线、斜线、弧线等）的彩纸，托盘，工作毯
第一次展示：白纸	
教师说	今天老师带小朋友们做剪纸的工作
操作1	取来教具放在桌子或工作毯上
操作2	左手拿起剪刀（小心地握住刀身），右手放到剪刀刀柄的合适位置
操作3	练习使用剪刀的动作，边做边说"打开、剪下"
操作4	左手拿起白纸，右手开始剪纸条
操作5	反复练习
操作6	收回教具，结束活动
第二次展示：画有线条的彩纸	
教师说	今天老师带小朋友们做剪纸的工作
操作1	取来教具放在桌子或工作毯上
操作2	左手拿起剪刀（小心地握住刀身），右手放到剪刀刀柄合适位置
操作3	左手拿起画有线条的彩纸（每次一种、一张）
操作4	右手将剪刀靠近线条开始剪
教师说	请小朋友们试一试
操作5	结束活动，收好所有用具并放回教具架

二、粘贴纸

粘贴纸活动的操作步骤及相关说明见表7-2。

表7-2 粘贴纸

操作步骤	步骤说明
教具准备	①彩色和白色手工纸、碎纸盘； ②乳胶、棉签、小碟、剪刀、笔； ③工作毯
第一次展示：粘贴纸	
教师说	今天老师带小朋友们做粘贴纸的工作
操作1	取来教具放在桌子上或工作毯上
操作2	把乳胶挤入小碟中，棉签也放入小碟内
操作3	用笔在白纸上写上自己的名字，把写有名字的部分剪下
操作4	把写有名字的白纸条粘贴在彩纸上
操作5	同样方法将其他文字内容在彩纸上粘贴，直到自己满意
操作6	收回教具，结束活动
第二次展示：粘贴鱼	
教具准备	①大小两种规格的各色三角形手工纸； ②黑色、绿色水彩笔，白色长方形手工纸； ③乳胶、棉签、小碟、工作毯
教师说	今天老师带小朋友们做粘贴鱼的工作
操作1	取来教具放在桌子上或工作毯上
操作2	把乳胶挤入小碟中，棉签也放入小碟内
操作3	用黑色水彩笔在手工纸的背面写上自己的名字
操作4	在托盘里取来一大一小两张三角形工作纸
操作5	右手拿棉签蘸上乳胶，涂在三角形工作纸上
操作6	先把大的三角形粘贴在手工纸的中间，再把小的三角形粘贴在大三角形的后面，可将小三角形挨着大三角形的那个角稍微盖上一点
操作7	用黑色水彩笔在大三角形上画一个实心圆做鱼的眼睛
操作8	用绿色水彩笔在手工纸上画水草和气泡
操作9	收回教具，结束活动

三、印染

印染活动的操作步骤及相关说明见表7-3。

表7-3 印染

操作步骤	步骤说明
教具准备	①4碗不同颜色的水（红、黄、蓝、绿）； ②正方形手工纸、围裙、工作毯
教师说	今天老师带小朋友们做印染的工作
操作1	穿好围裙，取来教具放在桌子上或工作毯上
操作2	拿起一张正方形手工纸，对折2次
操作3	用手拿着折好的手工纸的一角，将其对角放到其中一碗带颜色的水中
操作4	同样方法把另外三个角分别染上不同的颜色
操作5	请儿童反复操作
操作6	收回教具，结束活动

二、解析剪纸

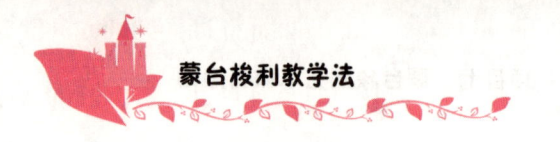

（一）教育目的
1. 直接目的
（1）练习正确使用剪刀。
（2）训练沿线条剪纸。
2. 间接目的
培养儿童的动手能力。

（二）适用年龄
3.5岁，有剪无线条白纸经验的儿童。

（三）兴趣点
（1）剪刀的使用。
（2）不同的线条。

（四）延伸操作
剪回形纸、几何形纸。

二、解析粘贴纸

（一）教育目的
1. 直接目的
粘贴活动的练习。
2. 间接目的
培养儿童的手眼协调能力。

（二）适用年龄
3岁以上。

（三）兴趣点
粘贴的过程。

（四）延伸操作
粘贴各种图案。

三、解析印染

（一）教育目的
1. 直接目的
学习印染的基本技能。
2. 间接目的
培养对印染活动的兴趣。

（二）适用年龄
3岁以上。

（三）兴趣点
（1）印染奇妙的图案。
（2）制作活动本身。

（四）延伸操作

印染更多图案。

知识总结

一、蒙台梭利艺术教育的内容

蒙台梭利强调以儿童为中心，反对以成人为本位的教学观点，视儿童为有别于成人的独立个体。在艺术教育方面，这意味着教学方法、材料和活动都需要根据儿童的特性、兴趣和需求来定制，让儿童能够自发地、主动地参与艺术学习和创作过程。

蒙台梭利教育法注重通过日常生活训练和环境熏陶，配合丰富的教具，让儿童在自我重复操作练习中建构完善的人格。在艺术教育领域，这可以体现为利用各种艺术材料和工具，让儿童在绘画、雕塑、手工制作等活动中，通过实际操作和体验，发展他们的观察力、创新力和审美能力。

蒙台梭利教育法还注重尊重儿童的成长步调和个性差异，没有固定的课程表和上下课时间，使孩子能够专注地发展内在的需要。在艺术教育上，这意味着教师需要根据每名儿童的兴趣和能力，提供相应的指导和支持，让他们在艺术领域得到自由而全面的发展。

蒙台梭利教育法还强调混龄教学，让不同年龄的儿童相互模仿、学习，从而培养他们的社会行为。在艺术教育活动中，这种混龄教学的方式可以促进儿童之间的交流和合作，让他们在共同创作和分享中体验到艺术的乐趣和价值。

蒙台梭利艺术教育的内容丰富多样，既注重培养儿童的艺术技能和创作能力，又强调通过艺术活动促进儿童的全面发展和社会交往能力的提升。

二、蒙台梭利艺术教育的目的

蒙台梭利希望儿童能通过艺术活动，充分表达自己的内心想法，而不是被他人的想法所左右。这样，儿童就可以更自信地创造和表现自己的个性，真正成为他们自己，建立逐渐强大的内心力量。而且，艺术教育还能促进儿童各项能力的发展，如动作、感觉系统与空间能力，还有专注力、理解与表达能力、想象力、创造力等。这些都是在儿童的未来生活中非常重要的能力。

蒙台梭利艺术教育的目的就是要帮助儿童更自信、更自由地表达自己，促进他们的全面发展，为未来生活做好充分的准备。

三、蒙台梭利艺术教育的实施

蒙台梭利艺术教育的实施是一个循序渐进的过程，注重儿童的自然发展和个体差异。

（1）教师需要仔细观察儿童对不同教学材料的反应，以确定哪些材料适合该名儿童。通过观察儿童的社交行为、注意力集中程度和解决问题的方式来评估其发展水平，为之后的教学提供依据。

（2）根据观察结果，教师应设计一个有利于儿童学习和发展的环境。教室中应备有各种适合不同年龄段儿童的教具和学习材料，还应该提供自主学习的机会，鼓励儿童独立思考和探索。

（3）教师会逐步向儿童介绍各种教具和学习材料，提供简短但清晰的说明，指导儿童如何使用和探索这些材料。儿童需要时间来熟悉和适应新的材料，教师应给予他们足够的时间和空间。

（4）在儿童开始使用新材料后，教师需要观察他们的学习过程和表现，注意儿童对材料的使用方式、学习的进展情况和解决问题的方法，以便后续提供个性化的辅导和指导。

任务探索

一、拼插

（一）探索活动：拼插

拼插活动的操作步骤及相关说明见表 7-4。

表 7-4　拼插

操作步骤	步骤说明
教具准备	有盖塑料小桶（内有小块的塑料泡沫）、牙签、工作毯
操作 1	邀请儿童，取教具
操作 2	打开盒盖，取出若干泡沫，放在工作毯上
操作 3	取一根牙签，在两端分别插上泡沫
操作 4	再取一根牙签，一头插在泡沫上
操作 5	再取一块泡沫，插在牙签的另一端
操作 6	同样方法，把许多泡沫块拼插在一起
操作 7	收回教具，结束活动

（二）活动分析

根据"拼插"活动的操作过程，分析该活动的适用年龄、教育目的、兴趣点以及延伸操作，并填写活动分析表，如表 7-5 所示。

表 7-5　活动分析表

考核项目	分析结果	评分
适用年龄		
教育目的		
兴趣点		
延伸操作		
总分		

二、蜡笔画

（一）探索活动：蜡笔画

蜡笔画活动的操作步骤及相关说明见表 7-6。

表 7-6　蜡笔画

操作步骤	步骤说明
教具准备	工作纸，各色蜡笔、铅笔
操作 1	邀请儿童，取教具
操作 2	用铅笔在工作纸的一角写上自己的名字

续表

操作步骤	步骤说明
操作3	用蜡笔在写好名字的工作纸上作画
操作4	可画线条，也可以画图案
操作5	收回教具，结束活动

（二）活动分析

根据"蜡笔画"活动的操作过程，分析该活动的适用年龄、教育目的、兴趣点以及延伸操作，并填写活动分析，如表7-7所示。

表7-7 活动分析

考核项目	分析结果	评分
适用年龄		
教育目的		
兴趣点		
延伸操作		
总分		

NENGLI JINJIE 能力进阶

根据对"海绵画"这个活动的教育目的、兴趣点等内容的分析，结合三阶段教学法，编写海绵画活动的操作步骤（见表7-8），并尝试创造更多的延伸操作。

1. 工作准备
各种形状的海绵块、白色工作纸、铅笔。

2. 适用年龄
3岁以上。

3. 教育目的
①培养用印的方式作画。
②培养对美术的兴趣。

4. 兴趣点
自己动手作画的乐趣。

表7-8 海绵画活动的操作步骤

活动过程	过程描述
操作步骤	
评分	

根据对"印章画"这个活动的教育目的、兴趣点等内容的分析,结合三阶段教学法,编写印章画活动的操作步骤(见表7-9),并尝试创造更多的延伸操作。

1. 工作准备

工作纸、印章、印泥盒、彩笔。

2. 适用年龄

2.5岁以上。

3. 教育目的

①学会用不同的方式作画。

②培养对美术的兴趣。

4. 兴趣点

各种不同图案的印章。

表7-9 印章画活动的操作步骤

活动过程	过程描述
操作步骤	
评分	

根据对"水彩画"这个活动的教育目的、兴趣点等内容的分析,结合三阶段教学法,编写水彩画活动的操作步骤(见表7-10),并尝试创造更多的延伸操作。

1. 工作准备

各色水彩、毛笔、工作纸、画架、水杯。

2. 适用年龄

3岁以上。

3. 教育目的

①学习水彩画的基本技能。

②培养对美术的兴趣。

4. 兴趣点

鲜艳的色彩。

表7-10 水彩画活动的操作步骤

活动过程	过程描述
操作步骤	
评分	

根据对"实物画"这个活动的教育目的、兴趣点等内容的分析,结合三阶段教学法,编写实物画活动的操作步骤(见表 7-11),并尝试创造更多的延伸操作。

1. 工作准备
各种不同的实物、颜料、工作纸。

2. 适用年龄
2.5 岁以上。

3. 教育目的
①学会用不同的工具作画。
②培养对美术的兴趣。

4. 兴趣点
各种有趣的用具,涂、画的乐趣。

表 7-11　实物画活动的操作步骤

活动过程	过程描述
操作步骤	
评分	

拓展阅读

蒙台梭利艺术教育如何设计观察任务

在蒙台梭利艺术教育中,设计观察任务是至关重要的环节,它能够帮助儿童培养观察力,深入理解事物的特征,并促进他们的全面发展。以下是一些设计观察任务的方法。

一、明确观察目标。教师需要明确观察任务的目的和预期结果,这样儿童才能清楚地知道他们需要观察什么,以及观察的要点。

二、选择适当的观察对象。这些对象可以是艺术作品中的元素,如颜色、线条、形状等,也可以是生活中的实物,如植物、动物、日常用品等。关键在于选择能够引起儿童的兴趣,同时又能展现一定特征的对象。

三、设计具体的观察任务。例如,教师可以让儿童观察一幅画,并让他们描述画中的颜色、构图、主题等;或者让儿童观察一种植物,让他们记录植物的生长过程,叶子的形状和颜色等。任务应该具有明确性和可操作性,以便儿童能够有效地进行观察。

四、提供观察工具。根据观察任务的需要,教师可以为儿童提供适当的观察工具,如放大镜、尺子、记录本等,这些工具能够帮助儿童更仔细地观察对象,并记录他们的发现。

五、强调观察记录。教师可以要求儿童在观察过程中进行记录,可以通过文字描述、绘画、拍照等方式。记录不仅有助于儿童加深对观察对象的印象,还能培养他们的表达和记录能力。

六、组织观察后的讨论与分享。在儿童完成观察任务后,教师可以组织他们进行讨论和分享。这不仅可以检验儿童的观察成果,还能促进他们之间的交流与合作,进一步加深对观察对象的理解。

通过以上方法,蒙台梭利艺术教育可以有效地设计观察任务,帮助儿童培养观察力,并促进他们的全面发展。在这个过程中,教师需要耐心引导,鼓励儿童积极参与,让他们从观察中获得乐趣和成就感。

>>> 任务检测

自拟一个幼儿园艺术类主题活动,并设计活动过程。活动的设计要能够让儿童根据自己的兴趣和想象进行创作。

任务二 美妙旋律

>>> 任务准备

材料准备

听觉筒、音感钟、沙子、石头、米粒等。应根据不同任务内容的要求,准备相应的材料。

>>> 任务演示

一、听觉筒

听觉筒活动的操作步骤及相关说明见表7-12。

表7-12 听觉筒

操作步骤	步骤说明
教具准备	听觉筒、沙子、米粒、石头
操作1	邀请儿童,介绍活动名称
操作2	取来教具放在桌子上
操作3	从木盒内取出红色听觉筒排成一横排,再拿出蓝色听觉筒在红色筒对面排成一排
操作4	将一只蓝色听觉筒放到耳边,纵向摇动仔细分辨声音,再取出一只红色听觉筒放在耳边纵向摇动听辨声音,若声音相同就以配对的方式将红、蓝听觉筒放在一起,若不同就更换红色听觉筒操作,直到声音相同为止
操作5	收回教具,结束活动

二、音感钟

音感钟活动的操作步骤及相关说明见表7-13。

表7-13 音感钟

操作步骤	步骤说明
教具准备	第一组钟铃的底座为原木色，称为操作组，由中央C开始，包括由一个八度音程内所有的全音和半音组成的13个音符。另一组为控制组，底座有白黑两种颜色，白色钟铃代表由中央C开始一个八度音程内所有的全音，黑色钟铃则代表一个八度音程内所有的半音。其他材料包括木槌和止音棒、音感钟键板、音名白键、升降音名黑键等
操作1	邀请儿童，介绍活动名称
操作2	取教具
操作3	随意取一个原木色的钟铃，一只手托着它的底部，很小心地拿到桌子上，用木槌敲击，然后听，直到不能听到声音为止。教师和儿童轮流进行
操作4	将操作组的钟铃和控制组的钟铃进行配对
操作5	按发出音的高低将配好对的钟铃进行排序
操作6	收回教具，结束活动

>>> 任务解析

一、解析听觉筒

（一）教育目的

1. 直接目的

辨别声音的强弱。

2. 间接目的

建立配对和序列的概念。

（二）适用年龄

3岁以上。

（三）兴趣点

听音的过程。

（四）注意事项

先选择最强音和最弱音进行辨听。

（五）延伸操作

更换听觉筒中的物品。

二、解析音感钟

（一）教育目的

1. 直接目的

培养儿童对音乐的感受力。

2. 间接目的

（1）感知并创造音乐。

（2）将动作与游戏、音乐相结合。

（二）适用年龄

3.5岁以上。

（三）兴趣点

乐音。

（四）注意事项

在进行唱音时，如果儿童跑调，不要批评或指责。

（五）延伸活动

结合实物和动作的音乐游戏。

任务探索

音律走线

1. 探索活动：音律走线

音律走线活动的操作步骤及相关说明见表7-14。

表7-14　音律走线

操作步骤	步骤说明
教具准备	音感钟、小托盘、小茶壶、国旗、小花篮、吊饰物等
操作1	教师邀请儿童站在线上
操作2	进行基本走线练习
操作3	教师轻敲音感钟的上行音，让儿童站在蒙氏线上，随着钟铃声缓慢走
操作4	教师敲下行音，儿童回到原来的位置
操作5	教师出示准备好的用具，示范走线时双手持物的方法
操作6	儿童手持小托盘、小茶壶、国旗、小花篮、吊饰物等走线
操作7	教师加入高低、强弱不同的音符，以及缓慢与急促的节奏，让儿童根据节奏的快慢快走或慢走
操作8	收回教具，结束活动

2. 活动分析

根据"音律走线"活动的操作过程，分析该活动的适用年龄、教育目的、兴趣点以及延伸操作，并填写活动分析表，如表7-15所示。

表7-15　活动分析表

考核项目	分析结果	评分
适用年龄		
教育目的		
兴趣点		
延伸操作		
总分		

能力进阶

根据对"音乐之旅"活动的主题、所用材料、教育目的和兴趣点等内容的分析,结合三阶段教学法,编写音乐之旅活动的操作步骤(见表7-16),并尝试创造更多的延伸操作。

1. 活动主题

音乐之旅。

2. 材料准备

(1)乐器:如小鼓、木鱼、铃铛等,供儿童探索声音和节奏。

(2)舞蹈道具:如彩带、手帕等,用于舞蹈和律动活动。

(3)音乐绘本和图片:展示不同音乐风格和文化。

3. 适用年龄

2.5 岁以上。

4. 教育目的

(1)直接目的:

培养儿童对音乐的兴趣和节奏感;

促进儿童身体协调性和运动能力的提高。

(2)间接目的:

通过音乐活动,促进儿童情感表达能力和交往能力的提升;

培养儿童的专注力和创造力。

5. 兴趣点

活动本身。

表 7-16 音乐之旅活动的操作步骤

活动过程	过程描述
操作步骤	
评分	

任务检测

根据本任务所学,帮助小美在艺术节活动中设计一个活动,并简单描述活动过程。

项目总结

在蒙台梭利教学法中,艺术教育以其独特的个性化特点,为儿童的成长注入了无限活力。它尊重每名儿童的独特性和创造力,允许他们以自己的方式去感知、理解和表达艺术。

在蒙台梭利教学法的引导下，艺术教育不再是刻板的模仿和重复，而是鼓励儿童发挥自己的想象力和创造力，去创造属于自己的艺术作品。这种个性化的教育方式，不仅激发了儿童对艺术的兴趣和热爱，更让他们在创作过程中找到了自我价值和成就感。

艺术教育还注重培养儿童的独立思考能力和批判性思维。它引导儿童去观察、分析和评价艺术作品，从而培养他们对美的敏锐感知和深刻理解。这种个性化的学习过程，不仅提升了儿童的艺术素养，更让他们在艺术的世界中找到了属于自己的声音和表达方式。

艺术教育在蒙台梭利教学法中的个性化特点，不仅体现在对儿童独特性的尊重和呵护上，更体现在对他们创造力和独立思考能力的培养上。正是蒙台梭利教学法中人文关怀和个性化发展的具体体现，让我们看到了教育不仅仅是知识的传授，更是对儿童内心世界的尊重和呵护。

问题解析

问题一

小杰是一名在蒙台梭利音乐教育班级中学习的儿童，他非常喜欢听音乐，但每当需要他亲自参与演奏或演唱时，他就会变得非常紧张，甚至拒绝参与。

解析：

一、自信心的缺乏：小杰可能对自己的音乐能力缺乏信心，担心自己的表现不够完美，会受到他人的嘲笑或批评。这种担忧和不安使得他在需要展现自己的时候选择了回避。

二、舞台恐惧：除了对自己能力的担忧外，小杰可能还有一定程度的舞台恐惧。他可能在面对观众或人群时会感到紧张，害怕出错或成为焦点。

三、缺乏实践经验：小杰可能由于之前缺乏足够的音乐实践机会，导致他在需要现场表演时感到不适应。在蒙台梭利教育中，尽管鼓励儿童的自主探索和发现，但也强调通过适当的指导和实践机会来帮助他们建立自信和发展技能。

解决策略：

一、建立自信心：教师可以通过鼓励和肯定小杰的努力和进步来建立他的自信心。例如，当他在课堂上表现出色时，教师可以给予他及时的表扬和奖励。同时，教师可以鼓励小杰在家中多听音乐、多练习，以提高自己的音乐表现能力。

二、提供小范围的表演机会：为了减少小杰的紧张感，教师可以先为他提供一些小范围的表演机会，如在家中为家人演奏、在班级中为同学们演唱等。这些机会可以帮助小杰逐渐适应表演的环境，并减少他的舞台恐惧。

三、组织音乐实践活动：教师可以组织一些音乐实践活动，如音乐比赛、音乐会等，让小杰有更多的机会参与到音乐表演中。这些活动不仅可以提高小杰的音乐能力，还可以帮助他建立自信心、积累舞台经验。

四、与家长沟通：教师还可以与小杰的家长进行沟通，了解小杰在家中的音乐学习情况，并鼓励家长在家中为小杰提供更多的音乐实践机会和支持。家长的鼓励和支持对于小杰建立自信心和克服舞台恐惧非常重要。

问题二

小雅在蒙台梭利音乐课堂上表现得很积极，她总是很乐于尝试新的音乐活动和探索各种乐器。然而，当需要她单独演奏或演唱时，她却变得非常紧张，手指僵硬，声音也变得不自然。

解析：

一、社交焦虑：小雅可能在社交环境中感到有压力，尤其是在需要单独表现的时候。她可能担心自己的表现不够完美，会受到他人的批评或嘲笑，这种担忧导致她在演奏或演唱时产生紧张情绪。

二、技能掌握不够熟练：虽然小雅对音乐有很高的热情，但可能对于某些乐器或在歌唱技巧上掌握不够熟练。这种不熟练感让她在单独表演时缺乏自信，担心出错。

三、缺乏准备和练习：小雅可能在课后的准备和练习上不够充分，导致她需要在课堂上表演时会感到紧张。充分的准备和练习是提高自信、减少紧张感的关键。

解决策略：

一、建立自信心：教师可以鼓励小雅，让她知道每个人都会有出错的时候，重要的是敢于尝试和表达。同时，可以让她参与一些简单的音乐活动，再逐渐增加难度，让她逐步适应并建立起自信心。

二、提供额外指导：针对小雅在某些乐器或歌唱技巧上的不熟练，教师可以为她提供额外的指导和练习机会。帮助她熟练掌握这些技能，减少在表演时的担忧。

三、鼓励课后练习：教师可以与小雅的父母沟通，鼓励她在课后多进行练习。通过不断的练习，她可以更好地掌握技巧，减少紧张感。

四、组织小型音乐会：为了帮助小雅逐渐适应单独表演的环境，教师可以组织一些小型音乐会，让她有机会在较少的观众面前表演。这样可以帮助她逐渐适应舞台环境，增加自信心。

问题三

小明在美术课上总是显得非常犹豫和不确定。每当教师让他画画时，他总是拿起画笔，看着画纸发呆，然后只画出简单的线条或形状就匆匆结束。他很少尝试使用不同的颜色或材料，也从不尝试去描绘更复杂的场景或物体。

解析：

一、缺乏自信：小明可能在绘画上没有得到足够的肯定和鼓励，导致他缺乏自信心。他担心自己的画作不够好看，或者达不到教师和同学们的期望，因此不敢尝试和挑战。

二、技能不足：小明可能还没有掌握足够的绘画技巧，导致他在画画时感到困难重重。他可能需要更多的练习和指导，才能逐渐提高绘画水平。

三、缺乏兴趣：小明可能对绘画本身缺乏兴趣，只是将其视为一种必须完成的任务。在这种情况下，他会因为缺乏主动性和热情而把画画得平淡无奇。

解决策略：

一、建立自信心：教师和家长应该多给予小明肯定和鼓励，让他知道自己的画作是有

价值的。可以组织一些小型画展或比赛，让小明有机会展示自己的作品，从而增强他的自信心。

二、提供指导：教师可以为小明提供个性化的指导，帮助他掌握更多的绘画技巧。可以为他提供一些简单的练习题目，让他逐渐提高绘画水平。同时，也可以鼓励他尝试使用不同的颜色和材料，增加画面的丰富性。

三、培养兴趣：教师和家长可以引导小明发现绘画的乐趣，让他意识到绘画不仅是一种技能，更是一种表达自己的方式。可以为他提供一些有趣的绘画主题或素材，激发他的创作灵感和兴趣。

项目思考

蒙台梭利艺术教育的许多活动都来源于生活。请你用所学知识设计一个艺术活动，并以图文并茂的形式演示蒙台梭利艺术教育的过程。

行业楷模

蔡元培（1868年1月11日—1940年3月5日），字鹤卿，又字仲申、民友、孑民，乳名阿培，曾化名蔡振、周子余，浙江绍兴府山阴县（今浙江绍兴）人，祖籍浙江诸暨。他是中国近现代著名的教育家、革命家、政治家，民主进步人士，国民党中央执委、中华民国国民政府委员兼监察院院长、中华民国首任教育总长，国民党四大元老之一。

蔡元培自幼接受传统儒家教育，后接触并接受西学、新学，对清政府逐渐产生不满，进而离京返乡，开始从事革命活动。他先后创立了中国教育会、爱国学社、爱国女学，积极推动革命活动。光绪三十年（1904年），他加入光复会，次年又加入同盟会，成为革命派领导人之一。

蔡元培在教育领域的贡献尤为突出。他于1917年至1927年任北京大学校长，革新北大，开"学术"与"自由"之风，其"思想自由，兼容并包"的办学方针，使得北京大学成为新文化运动的发祥地，为新民主主义革命的发生创造了条件。他注重发展学生个性，主张"沟通文理"，并依靠既懂教育又有学问的专家实行民主治校。在他的领导下，北京大学吸引了众多思想先进、才华出众的学者，为中国学术研究的发展注入了新的活力。

此外，蔡元培还兼任中法大学校长，主持制定了中国近代高等教育的第一个法令——《大学令》。他数度赴德国和法国留学、考察，研究哲学、文学、美学、心理学和文化史，为他致力于改革封建教育奠定了思想理论基础。

蔡元培一生著述甚丰，他的教育思想和实践活动对中国现代教育体系的建立和发展产生了深远的影响。他被誉为"学界泰斗、人世楷模"，其思想和贡献将永载史册。

参考文献

[1] 玛丽亚·蒙台梭利. 蒙台梭利幼儿教育科学方法[M]. 任代文,译. 北京:人民教育出版社,2001.

[2] 刘文. 蒙台梭利幼儿教育思想与实践[M]. 大连:大连出版社,2002.

[3] 李道佳. 蒙台梭利儿童日常生活练习[M]. 上海:第二军医大学出版社,2004.

[4] 陈丽君. 蒙台梭利幼儿语言教育[M]. 上海:第二军医大学出版社,2004.

[5] 张红兵,秦勇,刘志超,等. 蒙台梭利教育理论概述[M]. 北京:北京理工大学出版社,2007.

[6] 张红兵,秦勇,刘志超,等. 数学教育理论与实践[M]. 北京:北京理工大学出版社,2007.

[7] 玛丽亚·蒙台梭利. 有吸收力的心灵[M]. 高潮,薛杰,译. 北京:中国发展出版社,2007.

[8] 林丽,曲小溪,王玉廷,等. 蒙台梭利标准教具与制作[M]. 济南:山东教育出版社,2007.

[9] 玛丽亚·蒙台梭利. 童年的秘密[M]. 金晶,孔伟,译. 北京:中国发展出版社,2007.

[10] 丁金枝. 蒙台梭利教育·语言领域[M]. 长春:北方妇女儿童出版社,2008.

[11] 玛丽亚·蒙台梭利. 蒙台梭利教育法[M]. 丽红,译. 北京:京华出版社,2008.

[12] 段云波. 蒙台梭利科学文化教育[M]. 济南:山东教育出版社,2008.

[13] 段云波,卢书全. 蒙台梭利语言教育[M]. 长春:北方妇女儿童出版社,2009.

[14] 玛丽亚·蒙台梭利. 蒙台梭利教育法[M]. 李浩然,译. 北京:中国商业出版社,2009.

[15] 刘华. 蒙台梭利[M]. 北京:科学出版社,2009.

[16] 段云波,兰小茹,王正丽. 蒙台梭利儿童心理学[M]. 北京:世纪儿童出版社,2010.

[17] 李利. 蒙台梭利的教育精华解读[M]. 北京:华夏出版社,2011.

[18] 段云波. 蒙台梭利日常生活教育[M]. 吉林:北方妇女儿童出版社,2011.

[19] 罗怡. 跟蒙台梭利学做儿童教师[M]. 长沙:湖北教育出版社,2013.

[20] 刘文,段云波. 科学的蒙台梭利教育[M]. 北京:科学技术文献出版社,2013.

[21] 孔翠薇,郝维仁. 蒙台梭利教育理论与教育实践[M]. 北京:中央广播电视大学出版社,2014.

[22] 玛丽亚·蒙台梭利. 蒙台梭利文集：第一卷 发现儿童[M]. 田时纲, 译. 北京：人民出版社, 2014.

[23] 玛丽亚·蒙台梭利. 蒙台梭利文集：第二卷 小学内自我教育[M]. 田时纲, 译. 北京：人民出版社, 2014.

[24] 玛丽亚·蒙台梭利. 蒙台梭利文集：第三卷 家庭中的儿童、童年的秘密[M]. 田时纲, 译. 北京：人民出版社, 2014.

[25] 玛丽亚·蒙台梭利. 蒙台梭利文集：第四卷 为新世界而教育、如何教育潜在成人[M]. 田时纲, 译. 北京：人民出版社, 2014.

[26] 刘文. 跟蒙台梭利学做快乐的幼儿教师[M]. 北京：中国轻工业出版社, 2015.

[27] 刘迎杰. 蒙台梭利教学法[M]. 北京：高等教育出版社, 2015.

[28] 叶平枝. 幼儿园健康领域教育精要：关键经验与活动指导[M]. 北京：教育科学出版社, 2016.

[29] 余珍有. 幼儿园语言领域教育精要：关键经验与活动指导[M]. 北京：教育科学出版社, 2016.

[30] 张俊. 幼儿园数学领域教育精要：关键经验与活动指导[M]. 北京：教育科学出版社, 2016.